중심

추천의 글

"그때는 중국 역사상 잊지 못한 세월이다. 그때는 사상해방 운동의 빛나는 페이지다. 1980-90년대에 활동하며 물질보다 정신세계에 깊이 집중한 작가들이 소개된 이 책은 중국 현대미술사에 큰 의미가 있다."

이영 易英 **중국 미술평론가 · 중국 중앙미술학원 교수**

" 다양한 관점을 지닌 중국의 대표적 미술인 30명의 작품과 사상 속에서 중국 현대미술의 흐름과 세계미술의 미래를 예견할 수 있으며, 더 나아가 중국 현대미술에 대한 핵심을 심도 있게 체계적으로 잘 다룬 양서이다."

장준석 **미술평론가 · 한국미술비평연구소 소장**

작가리스트 중국 현대 작가 30인

01 두안지안웨이 段建伟, Duan Jianwei
02 루뤄왕 刘若望, Liu Ruowang
03 루어파휘이 罗发辉, Luo Fahui
04 류샤오동 刘小东, Liu Xiaodong
05 류웨이 刘韡, Liu Wei
06 류쿵씨 刘孔喜, Liu Kongxi
07 랴오야오야오 廖瑶瑶, Liao Yaoyao
08 마오쉬후이 毛旭輝, Mao Xuhui
09 수이지안구오 隋建国, Sui JianGuo
10 쉬빙 徐冰, Xu Bing
11 쑹용홍 宋永紅, Song Yonghong
12 쑹이거 宋易格, Song Yige
13 양첸 杨千, Yang Quan
14 왕광러 王光乐, Wang Guangle
15 왕광이 王广义, Wang Guangyi
16 왕두 王度, Wang Du
17 왕칭송 王庆松, Wang Qingsong
18 우밍중 武明中, Wu Mingzhong
19 웨민쥔 岳敏君, Yue Minjun
20 위룬더 余润德, Yu Runde
21 위안칭이 袁庆一, Yuan Qingyi
22 위홍 喩紅, Yu Hong
23 장샤오강 張曉剛, Zhang Xiaogang
24 저우춘야 周春芽, Zhou Chunya
25 쥐안치 雎安奇, Ju Anqi
26 쩡판즈 曾梵志, Zeng Fanzhi
27 첸웬링 陳文令, Chen Wenling
28 탕쯔강 唐志岡, Tang Zhigang
29 팡리쥔 方立鈞, Fang Lijun
30 펑정지에 俸正杰, Feng Zhengjie

중심

마음을 지키는 중국 그림의 힘

김선현 지음

자유의길
The Roads to Freedom

차례

2부 그 남자 그 여자 이야기

3부 또 다른 나

4부 세상의 마음

프롤로그 마음을 지키는 중국 그림의 힘

'중심中心'이라는 말에는 여러 의미가 있습니다. 먼저 '사물의 한가운데'라는 뜻이 있죠. '사물이나 행동에서 매우 중요하고 기본이 되는 부분'이기도 한 중심은 '확고한 주관이나 줏대'라는 뜻도 있고, 수학에서 '원둘레나 구 위의 모든 점으로부터 같은 거리에 있는 점' 또는 '대칭의 중심이 되는 점'을 가리키기도 합니다. 사물이나 수학을 제외하고 인간의 사고나 행동 측면에서 보자면 중심이란 확고한 주관이나 가장 기본이 되는 것을 가리킵니다. 좋은 말이에요. 중심 있는 사람, 중심이 잡힌 사람, 중심이 분명한 사람은 그렇지 않은 사람보다 나은 사람임에 분명합니다.

한편 '중심'이라는 말에는 '중국의 마음' 혹은 '중국인의 마음'이라는 뜻도 담겨 있습니다. 저는 중국을 대표하는 화가들의 그림에서 중국의 속마음과 중국인들이 가지고 있는 깊은 내면을 읽고 싶었습니다. 이런 이심전심以心傳心의 과정을 통해 자연스럽게 내 마음도 들여다볼 수 있으면 좋겠죠. 그림을 눈으로만 보면 느낌을 얻을 수 있지만 마음으로 보면 진한 울림과 깨달음까지 얻을 수 있습니다.

동양인들에게는 '충忠'이라는 덕목이 있습니다. 이 단어가 꼭 나라에

충성을 다한다는 뜻으로만 쓰이는 건 아닙니다. 조금의 속임이나 허식 없이 자신의 온 정성을 다 기울인다는 의미가 더 정확합니다. 공자孔子는 인간이 하는 모든 행위의 근본이 충에 있다고 했습니다. 자기 자신에게 온 정성을 다 기울이는 사람이라야 부모에게 효도하고, 타인을 존중하며, 사회에 모범이 되고, 나라에도 충성하는 법입니다. 그런데 이 '충忠'을 파자破字, 한자의 자획을 풀어 나눔하면 '중심中心'이 됩니다. 마음을 굳게 해 흔들림 없이 자신의 삶을 바로잡고, 온 정성을 다해 자기 인생의 줏대를 든든히 지키는 것이 곧 충이요 중심입니다.

저는 중국 그림을 통해 독자들이 자신의 충과 중심을 들여다보고 바로잡게 되기를 간절히 소망합니다. 저는 그림을 통해 자신의 깊은 중심을 들여다보고, 흔들리는 마음을 바르게 추스르며, 내가 어디에서 어디쯤을 향해 가고 있는지를 정확히 직시함으로써 인생의 중심을 잡는 데 도움을 드리고자 이 책을 썼습니다.

오래 전부터 중국인들은 마음에 대해 이렇게 말했다고 합니다.

"사람의 마음을 알고 싶으면 그가 쓰는 말을 잘 들어보라."

그럼 이제부터 중국 그림을 하나하나 감상하면서 중국인들이 말하고자 하는 바가 무엇인지, 그림 속에 담긴 중국인들의 숨겨진 이야기가 무엇인지 알아볼까요?

먼저 그림, 하면 떠오르는 나라 가운데 중국은 몇 번째나 되나요? 중국 미술에 대해서는 얼마나 알고 계신가요? 베이징은요? 대부분 독자들은 중국 미술하면 산이나 강 등 자연 풍경을 주로 그린 고즈넉한 산수화나 왕실과 사대부 또는 선비들이 자신의 사상을 드러내거나 남다른 재주를 뽐내던 조금 화려해 보이는 문인화 정도를 연상하실 겁니다. 좀 더 상식이 풍부한 분들은 부드러운 필치로 자유롭게 그림을 그리는 남종화나 대상을 정확하게 묘사하다 보니 그림이 다소 딱딱하게 느껴지는 북종화를 떠올리실 거고요.

시선을 현대 미술로 돌려봐도 마찬가지입니다. 서양 미술은 소재와 주제가 더욱 다양해지면서 전위적이고 초현실적인 감각을 가진 뛰어난 화가들이 속속 등장하고 있다고 알고 계신 분들도 중국 미술에 대해서는 체제 선전의 도구로 이용되던 문화혁명 당시의 원색적이고 계몽적인 유치한 수준에 머물러 있다고 믿고 계신 경우가 많습니다.

최근 그림 값과 관련된 흥미로운 뉴스가 하나 발표되었습니다. 영국 화가인 데이비드 호크니의 〈예술가의 초상Portrait of an Artist〉이 미국 뉴욕 크리스티 경매에서 9,030만 달러, 우리나라 돈으로 약 1,019억 원에 팔렸다는 겁니다. 이는 현재 생존해 있는 화가의 작품 가운데 최고 가격이라고 하네요.

그렇다면 중국 화가들 그림 값은 어느 정도일까요? 중국 현대 화단에서 중국의 피카소로 불리던 인물이 있었습니다. 20세기 동아시아 최고 미술가로 꼽히는 치바이스齊白石인데요. 2017년 그의 〈산수12조병山水十二條屛〉이 베이징 바오리 경매에서 9억 3,150만 위안에 낙찰되었습니다. 우리 돈으로 1,532억 원입니다. 엄청나죠? 이것이 지금까지 알려진 중국 그림의 역대 최고가입니다. 2018년에는 송나라 대문호 소동파蘇東坡가 남긴 그림 〈고목죽석도枯木竹石圖〉가 홍콩 크리스티 경매에서 4억 6,300만 홍콩달러에 팔렸습니다. 한화로 약 670억 원입니다. 이는 아시아 지역 크리스티 경매 사상 최고가였다고 합니다.

중국 미술은 더 이상 세계 미술계의 변방이 아닙니다. 세계 화단을 주도하면서 가장 무서운 속도로, 뜨겁게 달아오르고 있는 곳이 바로 중국입니다. 그리고 그 중심에 베이징이 있습니다. 2000년대 초반부터 세계의 주요 화랑들과 콜렉터와 아트페어들이 베이징으로 모여들었습니다. 중국 미술 시장의 성장세는 폭발적이라는 말로 다 표현할 수 없을 정도입니다. 이제 베이징은 파리나 뉴욕 못지않은, 아니 파리나 뉴욕이 결코 부럽지 않은 세계 미술의 중심으로 우뚝 섰습니다.
제가 중국 미술에 주목하게 된 건 이 때문입니다. 저는 수시로 베이징 예술구 798과 차오창띠草场地를 찾아갑니다. 갈 때마다 느끼는 건 거대한 중국 미술의 힘과 강렬한 매력입니다. 불에 달궈진 웍 안에서 온갖 산해진미들이 고유의 향신료와 마구 어우러져 독특한 중국 요리가 만들어지듯 세계 그 어느 곳에서도 감지하기 힘든 중국 미술만의 오묘한 풍미가 참을 수 없을 만큼 오감을 자극합니다.

제 생각으로는 아무래도 서양 미술보다 중국 미술이 우리 정서에 더 잘 어울립니다. 그림을 통해 심리 분석과 치료에 접근하는 길을 걸어온 저로서는 중국 미술의 이런 면에 더 흥미를 가질 수밖에 없습니다. 베이징에서 만난 중국의 젊은 화가들에게서는 우리가 그동안 깜빡 잊고 있었던 어떤 역동성이랄까 진지함 같은 걸 발견할 수 있습니다. 때로는 한바탕 웃음이 터져 나오는 유쾌함도 있습니다. 저는 이번에 그것을 이야기하고 싶었습니다. 독자 여러분과 함께 말이죠.

새롭게 주어진 삶의 한가운데서

김선현

1부

내 안에 있는 마음

"흔들리지 않는 건 마음이 아닙니다. 흔들리니까 인간의 마음인 겁니다.
흔들리기 때문에 중심이 필요합니다. 중심을 잡으려면 흔들려야 합니다.
하지만 너무 많이 흔들리면 중심을 잡기 어렵습니다.
적당히 흔들릴 때 중심을 잡아야 합니다.
지금, 내 마음은 어떤가요?"

도시 속 외로움, 둘이서도 쓸쓸한

눈사람처럼 보이는 두 사람이 어디론가 걸어가고 있습니다. 어쩌면 그 자리에 멈춰선 것처럼 보이기도 하고요. 마치 애니메이션의 한 장면 같기도 합니다. 발끝 사방에 쌓인 하얀색 눈과 짙푸른 하늘빛을 보고 있노라면 청량감보다는 왠지 모를 외로움과 쓸쓸함이 느껴집니다. 고독은 홀로 있을 때만 찾아오는 건 아닙니다. 황막한 대지 위에서는 둘이 꼭 붙어 있어도 어딘지 모르게 으스스해 보입니다.

그런데 두 사람 다 머리가 없네요? 얼굴도 없고요. 눈과 귀와 입이 다 없을 테니 어딜 보고 앞으로 가는 걸까요? 둘이 이야기는 어떻게 나누죠? 팔도 왼쪽에 선 사람의 왼팔만 보여요. 두 사람 오른쪽에 있는 네 발로 걷는 동물과는 확연히 비교가 됩니다. 하늘, 땅, 동물, 자

왕광이, 〈북극의 결합 North Pole Amalgamation No 2〉

연은 갖출 걸 다 갖추고 완전한데 반해 인간은 뭔가 좀 불완전하고 어색해 보이는군요. 작가는 무엇을 말하려고 한 걸까요?

흰색으로 몸을 꽁꽁 감싼 두 사람은 서로를 의지한 채 다음 여정으로 향합니다. 언뜻 털 코트를 걸친 듯합니다. 덩치만 크지 연약하기 짝이 없고, 어디로 가야 할지 향방을 모른 채 마냥 앞을 향해 걷기만 하는 현대인들의 모습을 보는 것 같습니다. 어제도 오늘 같았고, 오늘은 어제 같았으며, 내일도 오늘과 다를 바 없는 일상을 살아가는 우리네 자화상일 수도 있습니다. 그래서 밝지만 우울합니다. 하지만 이들 모습이 마냥 작고 연약하기만 한 것은 아닙니다. 끝없이 외로워 보이는 대지 위일망정 그나마 서로 의지한 채 꼭 붙어 걸어가고 있으니까요.

인생도 마찬가지입니다. 북적이는 공간에서 친구들과 같이 어울려 시간을 보내도 마음이 허해지는 순간이 있고, 막막한 벌판의 황량한 길을 걸어가도 위안이 되는 때가 있습니다. 지금 나와 함께 걷고 있는 누군가가 내게는 가장 소중한 사람이겠죠. 내가 비록 불완전하더라도 말이에요. 옆을 보세요. 누가 보이시나요?

이번에는 네 사람이네요. 그런데 두 사람씩 짝을 이루고 있군요. 한 사람은 서서 앉은 사람의 어깨를 두 팔로 감싸고 있고, 한 사람은 무릎을 꿇고 서 있는 사람의 품에 안겨 있습니다. 기도하는 것 같기도 하고, 사제에게 고해성사를 하는 것 같기도 합니다. 머리와 두 팔, 두

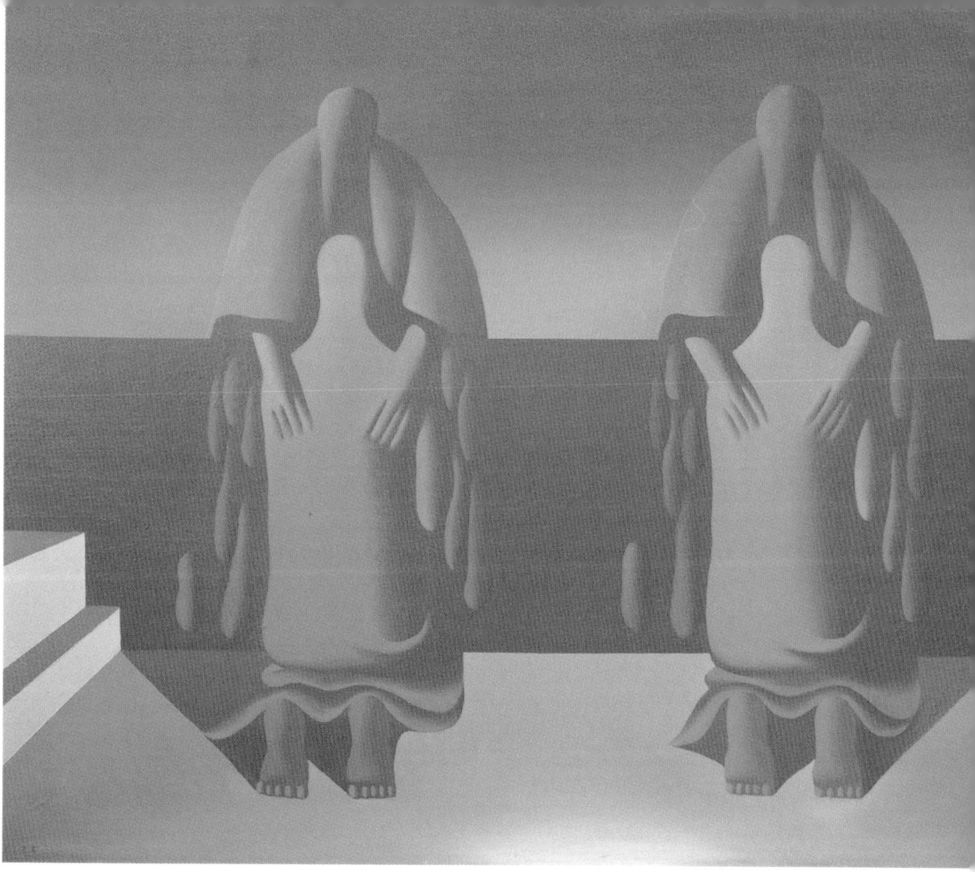

왕광이, 〈후고전 : 커다란 비애의 복귀 Post-Classical : The Return of Tragic Love〉

손이 다 있기는 하지만 전체적인 분위기는 아까 그림보다 훨씬 더 어둡고 삭막하고 숙연합니다. 좀 무섭기까지 하네요.

이 그림은 중국의 북방 문화를 잘 표현하고 있습니다. 중국은 워낙 영토가 넓은 나라라서 지역에 따라 역사와 문화와 전통이 제각각 다릅니다. 기후나 기질도 다르죠. 고온다습한 기후를 가진 남방에 사는 사람들은 영리하고 약삭빠릅니다. 반면 추운 기후에 익숙한 북방 사람들은 어리석고 둔해 보이지만 규칙과 형식을 존중하면서 흔들리지 않는 자기만의 중심을 지키고 살아갑니다. 북방 문화에 속하는 그림은 주로 남색과 검은색, 흰색 등 매우 절제된 색상을 사용하며, 중세의 특징이라고 할 수 있는 경건함, 진지함, 선량함, 정결함 같은 이미지를 표현합니다.

〈후고전〉을 그린 왕광이는 북방 문화의 매력에 흠뻑 빠졌던 화가입니다. 그는 북방 문화의 이성적인 정신만이 부패한 문명과 퇴폐적인 서양 자본주의를 몰아내고, 절망에 빠진 중국 전통의 일부나마라도 건강하게 승화시킬 수 있다고 믿었던 것 같습니다. 그는 단순히 세상을 깨끗하게 만들겠다는 의지를 표현한 것이 아니라 사람을 자연, 즉 우주의 중심으로 파악한 뒤 이를 그림에 반영했습니다.

화면 속 흑색 우주의 공간감은 무한과 영원을 느끼게 합니다. 왕광이는 이 작품에서 사람 얼굴을 자세히 묘사하지 않았습니다. 두 사람은 데칼코마니처럼 똑같은 모습으로 복제되어 있습니다. 무릎 꿇은 사람은 적잖은 상처를 받은 것처럼 보이고, 서 있는 사람은 이들에게 관용을 베푸는 것처럼 보이기도 합니다. 이들은 말없이 서로의 마음을 위로합니다. 내가 너의 아픔을 누구보다 잘 알고 있다는 듯.

특이하게도 왕광이의 주요 작품들은 〈마태복음〉, 〈마라의 죽음〉, 〈삼위일체〉 등 서양 경전이나 고전을 재해석함으로써 탄생되었는데, 〈후고전〉 역시 네덜란드를 대표하는 화가 렘브란트의 그림 〈돌아온 탕자〉를 수정한 것입니다. 어떤 아버지에게 두 아들이 있었습니다. 그 중 둘째아들은 아버지가 돌아가실 때까지 기다릴 수 없다면서 자기 몫의 유산을 미리 내어달라고 했습니다. 아버지는 불효막심한 아들에게 유산을 떼 주었습니다. 아들은 그것을 가지고 집을 나가 흥청망청 탕진해 버립니다. 때마침 기근이 들었습니다. 둘째아들은 배가 고파 유대인들이 가장 천하게 여기는 돼지 돌보는 일을 하며 쥐엄 열매로 배를 채우다, 결국 견디지 못한 아들은 거지꼴을 한 채 집으로 돌아옵니다.

렘브란트는 이 이야기 중에서 가장 감동스러운 장면을 그렸습니다. 아버지는 비렁뱅이가 되어 돌아온 둘째아들을 야단치거나 나 몰라라 하지 않고 반갑게 맞아 포옹하면서 좋은 옷을 입히고 잔치를 베풀었습니다. 아들의 큰 잘못에도 불구하고 무조건적인 사랑을 베푼 아버지의 한없는 인자함을 화폭에 담아낸 것입니다. 빛의 화가답게 아버지의 얼굴이 빛으로 환하게 클로즈업되었고, 무릎 꿇은 둘째아들의 얼굴은 반쯤이나 가려져 있습니다. 그의 그림에서는 첫째아들의 불만 가득한 모습이 인상적입니다. 아버지 곁에서 집안을 지키며 열심히 일하던 형으로서는 집 나갔다 돌아온 동생을 극진히 반기는 아버지의 태도가 못마땅할 수밖에 없습니다.

하지만 왕광이의 그림 속에서는 두 아들이 똑같은 자세로 무릎을 꿇고 있고, 두 아버지가 역시 똑같은 자세로 아들의 어깨를 감싸며 위로하고 있습니다. 아버지에게도 구분이 없고, 두 아들에게도 차별

이 없습니다. 렘브란트의 그림에 비해 왕광이의 그림이 훨씬 더 어둡고 차갑지만 용서와 사랑만큼은 훨씬 더 크고 무겁습니다. 큰아들도 작은아들도 아버지의 용서와 사랑 앞에서는 동일한 존재입니다.

렘브란트는 빛을 그렸고, 왕광이는 어둠을 그렸습니다. 렘브란트는 인간의 내면을 표현했고, 왕광이는 우주의 섭리를 표현했습니다. 두 그림은 참 대조적입니다.

누구나 마음속엔 우주만큼 텅 빈 공간이 있습니다. 그리고 내 안의 우주에서는 깜깜하고 어둡고 막막한 쓸쓸함과 관용과 사랑, 미움과 질투 그 모든 감정이 공전과 자전을 반복하며 순환하기 마련입니다. 왕광이는 우주의 섭리 안에서는 어떤 불공평함도 없음을 일찍부터 알았던 것 같습니다.

왕광이 王广义, Wang Guangyi
1957년 하얼빈 출생으로, 1984년 일류 미술학부인 저지앙미술학원 유화과를 졸업했다. 관심 영역이 넓어 한때 실존주의를 접하다가 엥겔스, 마르크스, 헤겔, 칸트를 거쳐 토마스 아퀴나스에까지 빠져든 적이 있다. 중국 현대 미술의 사대천왕 중 한 명으로 꼽히는 그는 1980년대 중국 현대 미술의 시발점이었던 '베이징 예술가 그룹'을 주도했으며, 1990년대 이후 중국의 급격한 개혁 개방과 자본주의의 물결 속에 태동한 '정치적 팝'이라는 미술 흐름을 탄생시켰다. 중국의 팝 아트 창시자로서 그의 이름은 상당한 무게감을 갖고 있다.

뒷모습이 말해주는 것

시원하시죠? 바람에 출렁이는 푸른 바다가 시원하신가요? 아니면 등을 보이고 있는 한 인물의 민머리가 시원하신가요? 저는 둘 다 시원하네요. 게다가 시퍼런 바다 색깔과 유난히 붉은 빛이 도드라진 머리 색깔의 조화도 시원스럽습니다.

그런데 약간 이상한 점이 있네요. 발견하셨나요? 네, 맞습니다. 물속에 비친 사람의 형상이 앞모습이 아니라 뒷모습이에요. 상식대로라면 내가 물을 바라보고 있을 때 사람들은 내 뒷모습을 보겠지만 수면에는 당연히 내 앞모습이 보여야겠죠. 거울처럼 말이에요. 그럼에도 불구하고 그림에서는 물에 반영된 모습이 어째서 앞모습이 아닌 뒷모습일까요? 이 비현실적인 투사는 어떤 마음의 작용일까요? 현실

팡리쥔, 〈1996. 4〉

의 제약으로부터 자유로운 또 다른 자아를 보여주는 건 아닐까요? 조금 다른 각도에서 보면 바다를 향해 두 사람이 나란히 서 있는 것처럼 보이기도 합니다.

그림 속 인물을 살펴보면 과연 남자인지 여자인지, 직업은 무엇인지, 기분이 어떤지, 나이는 얼마나 되는지, 국적은 뭔지 도통 알 수가 없습니다. 일반적인 수준에서 이루어지는 검열로 밝혀내기 힘든 정체성은 이내 익명성으로 전환됩니다. 누군지 알 수 없고, 굳이 알 필요도 없는 존재 말이죠. 그 순간 우리는 현실의 제약 때문에 하지 못했던 행동이나 생각들을 보다 자연스럽게 드러낼 수 있습니다.

팡리쥔은 톈안먼 사태天安門 事態, 1989년 6월 4일 중국의 베이징 시내 중앙에 있는 톈안먼 광장에서 민주화를 요구하는 학생과 시민들을 중국 정부가 무력으로 진압해 유혈 사태를 일으킨 참극가 터지자 참을 수 없이 분노하게 됩니다. 그는 당시 중앙미술학원 학생으로 시위에 참가했다가 옆에서 총을 맞고 쓰러지는 친구들을 목격했습니다. 그때의 충격은 그를 사로잡았습니다. 이후 그는 가슴 깊이 묻어두었던 분노와 저항의 의미를 예술로 승화시켜 대머리 건달들을 그리기 시작합니다. 이 건달들은 자유가 억압받는 부조리한 사회 속에서 아무것도 할 수 없었던 자신의 무기력한 모습을 표현한 것입니다. 그의 작품 속에서 대머리 건달들은 자유롭게 하늘을 떠다니거나 물속에 둥둥 떠 있거나 무표정한 얼굴로 어딘가를 향해 걸어갑니다.

팡리쥔은 다섯 살부터 열다섯 살 때까지 문화혁명1966년부터 1976년까지 중국의 최고 지도자 마오쩌둥에 의해 주도된 전근대적인 문화와 자본주의를 타파하고 사회주의를 실천하자는 극좌 사회주의 운동을 겪었습니다. 그 무렵 대지주였던 할아버지는 인민의 적으로 몰려 비판의 대상이 되었죠. 지주 계급은 인민의 적이며 이 세상에서 몰아내야 할 사악한 존재들로 매도되었으니까요. 어느 날 열린 한 비판 대회에서 꼬마 팡리쥔은 사람들과 함께 지주를 향해 비판과 저주의 함성을 질러댔습니다. 그러나 그날 나무 팻말을 목에 걸고 비판대 위로 올라온 사람은 자신을 가장 아껴주던 할아버지였습니다. 사람들의 외침 속에 그는 고개를 들 수 없었습니다.

그때 팡리쥔이 느꼈던 상상할 수 없는 혼란과 의문과 상처가 다시 되살아난 것이 바로 톈안먼 사태였습니다. 문화혁명 당시는 어려서 아무것도 할 수 없었지만 톈안먼 사태 후에는 그에게 할 일이 있었습니다. 붓을 드는 것이었죠. 그는 자신이 겪은 혼란과 의문과 상처를 그림 속에 담아냅니다. 그림은 그의 삶이요 사상이자 행동이며 정체성이었습니다. 실없이 웃거나 입을 떡 벌리고 하품하는 대머리 건달들, 시시덕거리기도 하고 뜬금없는 표정으로 멍하게 서 있는 민머리 사내들은 다름 아닌 그 자신이기도 합니다. 어찌 보면 해탈과 득도에 이른 듯도 합니다.

중국 현대 미술이 세계의 주목을 받기 시작한 것은 톈안먼 사태 이후입니다. 당시 공산당에 저항했던 작가들이 해외로 망명해 활동하면서 외국에 중국 미술이 알려지기 시작한 것이죠. 이 시기를 즈음해 외국에서 활약하는 해외파와 중국에 남아 정치적 메시지를 담은 작업을 계속하는 작가를 합쳐 '차이나 아방가르드' 작가라고 불렀습니다. 개혁 개방으로 경제는 눈부시게 성장했지만 여전히 정치와 사상의 자유가 없는 모순된 현실 속에서 중국 현대 미술은 냉소와 허무를 독특한 풍자 형식으로 녹여낼 수밖에 없었습니다. 여기에다 중국식 사회주의의 영향으로 서구 자본주의 사회에서는 전혀 느낄 수 없는 중국만의 화풍이 만들어졌습니다. 이것을 비평가들은 '냉소적 사실주의'와 '정치적 팝'이라고 이름 붙였습니다.

자, 그럼 다시 앞의 그림으로 돌아가 볼까요? 이제 왜 그림 속 인물이 민머리 사내인지, 왜 처연하게 등을 돌리고 있는지, 물속에 비친 모습이 왜 앞모습이 아니고 뒷모습인지 이해가 되시나요? 팡리쥔은 일종의 반역을 상징하는 대머리 사내의 등 돌린 모습을 그림으로써 익명성을 이용해 개인의 고독감이나 냉소적 태도, 그리고 기존 사회의 가치관에 대항하는 모습 등을 표현한 것입니다. 그는 물, 꽃, 구름과 함께 웃는 얼굴, 편안해 보이는 사람들도 그렸는데, 이들에게서도 역시 미래에 대한 기대나 이상은 찾을 수가 없습니다. 이렇게 작가는 다분히 자조적이고 개인주의적인 시선으로 1990년대 이후 중국의 모습을 담아내고 있습니다.

혹시 누군가에게 등을 돌려 보신 적 있나요? 아직도 누군가를 등지고 살아가고 계신가요? 홀로 걸어가는 뒷모습을 바라보는 건 몹시 허전하고 스산한 일입니다. 그가 사랑하는 사람이라면 더욱 그렇죠. 행여 다른 사람으로부터 등 돌림 당한 적 있나요? 여전히 누군가로부터 등 돌림 당한 채 살아가고 계신가요? 세상 어딘가에 내 얼굴을 보려 하지 않는 사람이 있다는 건 정말 괴로운 일입니다. 다신 안 볼 사람도 아니고 언젠가 만나야 할 사람이라면 더 그렇습니다. 내가 먼저 다가가 상대방의 등에 손을 대고 슬며시 돌려세울 수만 있다면, 가던 발길 잠시 멈추고 등을 돌려 뒤에 있던 사람과 마주볼 수 있다면, 그렇게 얼굴과 얼굴을 마주하고 눈을 맞출 수 있다면 얼마나 좋을까요? 아시나요? 지금 내 뒷모습이 어떤지?

지루한 하루

대머리 건달들이 등장했습니다. 네, 팡리쥔 그림입니다. 하늘은 마냥 푸르고 높기만 한데, 다들 무료한 듯 뒷짐을 지거나 고개를 아래로 떨구거나 뒷머리를 긁적이고 있군요. 다음 작품에서는 지루함을 참지 못한 한 남자가 입을 찢어져라 벌리면서 하품을 하고 있네요. 두 눈을 질끈 감고 미간을 찌푸린 채 하품을 하다 보니 얼굴이 일그러졌습니다. 웨민쥔 그림 속의 웃는 남자와 달리 이 남자에게선 이가 하나도 보이지 않아요. 뒤쪽에 있는 남자들이 부럽다는 듯 쳐다보고 있습니다. 그들은 하품조차 나오지 않나 봅니다.

1991년부터 1992년 사이에 그려진 〈시리즈 2〉는 팡리쥔의 대표작들로 이 중 〈하품을 하다〉는 1993년 미국의 유명 시사 주간지 《타임》의

팡리쥔, 〈시리즈 2 Series 2 No 4〉

표지에 실리기도 했습니다. 그에게 세계적인 명성을 안겨다준 작품이죠. 그는 고등학생 때 교장선생님이 머리를 기르지 못하게 하자 이에 대한 반항으로 머리를 박박 밀어버린 적이 있다고 합니다. 다른 학생들과 함께 말이에요. 그 뒤로 대머리는 그에게 반항의 상징처럼 여겨지게 되었답니다. 그의 실제 외모도 대머리이니 이래저래 대머리는 그의 인생에서나 예술 세계에서나 떼려야 뗄 수 없는 이미지인 것 같습니다.

살다 보면 어떤 경우에는 시간이 오래 걸리거나 같은 상태가 계속되면서 따분하고 싫증날 때가 있습니다. 하루가 유난히 길고 지루할 때도 있죠. 이럴 때 뭔가 새로운 것을 찾고 싶다면, 주변 풍경을 좀 더 다르게 보면서 관찰하려고 노력하는 게 좋습니다. 사물이나 사람에 대한 호기심 같은 것 말이죠. 요즘은 누구나 스마트폰으로 쉽게 사진을 찍을 수 있으니까 늘 지나던 길에 심어진 작은 꽃 한 송이를 발견해 다른 각도에서 촬영해 보는 것도 한 가지 방법입니다. 일단 관심을 가지고 자세히 살펴보면 이미지 너머에서 들려오는 이야기를 들을 수 있습니다.

인생은 100미터 달리기 같은 단기전이 아니라 마라톤 풀코스 같은 장기전입니다. 달리기를 이어가는 동안 목이 타고 다리가 아플 때 누구 하나 도와주러 오지 않고, 아무도 등을 토닥이며 위로해주지 않을 때가 있습니다. 신이 나서 시간 가는 줄 모를 때가 있고, 너무 따

팡리쥔, 〈하품을 하다 Series 2 No 2 〉

분하고 재미없어 온몸이 뒤틀릴 때도 있습니다. 그렇더라도 그 모든 순간을 견디며 오로지 내 스스로 혼신의 힘을 다해 달려야 합니다. 중국에는 본심을 드러내지 않고 기회가 될 때까지 참고 기다린다는 의미를 가진 '도광양회韬光养晦'라는 말이 있습니다. 밖으로 드러나지 않도록 빛을 감추고, 어둠 속에서 은밀히 힘을 기른다는 뜻입니다. 인생은 바로 그런 것입니다.

삶이란 얼핏 보기에는 시시해 보여도 자세히 들여다보면 흥미로운 것들이 숨어 있습니다. 약간의 시점만 바꾸면, 즉 발상을 전환하면 재미있는 일들은 주위에 얼마든지 굴러다닌다는 것을 알게 됩니다. 뭔가 바꿔 보기 위해서는 끊임없이 시도하는 것이 중요합니다. 발음이 어려운 외국어를 배워 본다든지, 낯선 나라의 색다른 음식을 먹어 본다든지, 한 번도 해보지 않은 일을 시도하려고 용기를 내는 것이죠. 생각지도 못했던 일은, 생각대로 일이 되지 않을 때 만나기 쉬운 법입니다.

아리스토텔레스는 호기심이야말로 인간을 인간이게 하는 특성이라고 했고, 아인슈타인은 자신이 천재가 아니라 단지 호기심이 많은 사람일 뿐이라고 했습니다. 인공지능이 노동력을 대체하는 4차 산업혁명 시대는 인간이 인간으로서 가질 수 있는 능력에 집중하는 시대입니다. 인간만이 가질 수 있는 능력 중 하나가 바로 호기심입니다. 호기심의 차이가 개인의 삶을 결정하고, 호기심을 어떻게 대하느냐가

한 나라의 운명을 결정하기도 합니다. 지금 내 삶은 지루함으로 가득한가요? 아니면 호기심으로 가득한가요? 오늘 하루는 어땠나요? 웃음이 나왔나요? 아니면 하품이 나왔나요? 그것을 결정하는 건 그 누구도 아닌 바로 나 자신이랍니다.

팡리쥔 方立鈞, Fang Lijun

1963년 허베이성에서 태어나 중앙미술학원 판화과를 졸업했다. 장샤오강, 웨민쥔, 왕광이 등과 함께 냉소적 사실주의를 대표하는 그는 중국 현대 미술의 사대천왕 중 한 명으로 거론된다. 그의 작품 속에 나타난 무심한 표정의 다양한 인물들은 어린 시절 문화혁명을 겪고, 청년 시절 톈안먼 사태를 경험한 중국의 후89세대를 대표하는 아이콘이 되었다. 세계 유수의 미술관과 화랑에서 개인전을 했으며, 베니스비엔날레를 시작으로 상파울로비엔날레, 광주비엔날레, 모스크바비엔날레, 광주트리엔날레 등 수많은 주요 국제 전시에 참가했다. 현재 베이징을 비롯해 따리, 청두, 경덕진, 홍콩에 작업실을 두고 활동 중이다.

텅 빈 공허함

어디서 많이 본 것 같은 풍경이죠? 우리도 예전에 이런 사물함을 사용한 적이 있습니다. 학교나 군대에서 자물쇠를 채워 놓고 개인 물품을 보관하던 낡은 목재 사물함입니다. 물론 요즘은 이렇게 나무로 된 구식 사물함을 사용하지 않습니다. 더 견고하고 세련된 철제 캐비닛을 사용합니다. 지하철이나 도서관 등에서 이런 사물함을 볼 수 있습니다. 일정 금액의 동전을 넣고 열어서 사용할 수 있는 수화물 보관용 사물함을 '코인 로커'라고 합니다.

그림 속 사물함은 문이 열려 있는 것도 있고, 잠겨 있는 것도 있습니다. 문이 열려진 것도 활짝 열린 것과 조금 열린 것이 섞여 있네요. 그런데 안을 들여다보면 전부 텅 비어 있습니다. 암흑처럼 느껴집니

위안칭이, 〈캐비닛 Cabinet No 1〉

다. 흡사 낭떠러지처럼 안으로 들어가는 순간 끝 모를 추락이 이어질 것만 같습니다. 그렇기는 해도 자꾸 안을 들여다보고 싶네요. 뭐가 들어 있을지 점점 더 궁금해지거든요. 저만 그런가요?

문화혁명 이후 중국의 많은 농민들은 돈을 벌기 위해 고향인 농촌을 떠났습니다. 특히 동부에 있는 연안 도시를 향해 농민들의 대량 이주가 일어났습니다. 이는 1990년대 말 중국 정부가 농민들의 대규모 도시 이동을 막기 위해 선택했던 호구제도戶口制度, 전 국민에게 출생 지역에 따라 호구를 부여하고, 호구에 따라 교육, 주택, 의료 등 사회보장제도 적용에 제한을 둔 제도를 완화했기 때문입니다. '민꽁차오民工潮'라고 불리는 이러한 도시 이주 붐은 그때까지만 해도 농촌의 잉여 노동력이 도시로 유입돼 임시로 건축, 운송 등 노무에 종사하는 정도로 여겨졌습니다.

하지만 이들은 중국 전체 인구의 10~20퍼센트에 달할 만큼 급속히 증가하면서 도시 생활에 적응하지 못한 채 유리걸식하는 빈민층으로 전락함으로써 커다란 사회 문제를 일으키게 되었습니다. 오죽하면 이들의 삶을 빗대 "닭보다 먼저 일어나고, 고양이보다 늦게 자며, 당나귀보다 힘들게 일하고, 돼지보다 안 좋은 걸 먹는다"는 자조 섞인 신세 한탄까지 생겨났겠습니까? 도시로 이주해 이처럼 가난한 노동자로 살아가는 농민을 가리켜 '농민공農民工'이라고 합니다. 해마다 춘절春節, 설날이 되면 고향으로 돌아가기 위해 전국 주요 기차역에 모여든 수백만 명의 농민공들로 인해 기차 운행이 대혼란을 겪는 일이 아직도 반복되고 있습니다.

부富와 안락한 삶에 대한 부푼 희망을 안고 도시로 떠밀려온 사람들에게도 힘겨울 때마다 생각나는 아름다운 추억이 있었을 겁니다. 박탈감과 곤궁한 일상을 눈물겹게 견뎌낼 때마다 떠올리는 빛나는 꿈이 있었을 겁니다. 그들은 저마다의 추억과 꿈을 어디에 간직해두었을까요? 작가는 그것을 사물함으로 표현했습니다. 오래된 낡은 사물함 속에는 그들이 꼭꼭 싸서 잘 보관해두고 싶었던 추억과 꿈이 들어 있습니다. 노란색과 갈색 나무 질감에서는 고향을 떠올리는 푸근함이 느껴집니다. 이것은 누구에게나 공통적으로 있는 마음속 향수의 색깔이기도 합니다.

검고 어두운 공간으로 묘사된 사물함 속의 텅 빈 공허함은 농촌의 빈 집을 연상케 합니다. 사람들이 도시로 떠나 버려 텅텅 빈 집들이죠. 자신의 모든 것을 버리고 떠나온, 낯선 도시에서 만난 어둠 속 깊고 두려운 공간으로도 보입니다.

사실 우리에게도 이런 시절이 있었습니다. 1960~1970년대 대한민국 수도 서울은 농어촌에서 모여드는 끝없는 인파로 몸살을 앓았습니다. 서울역은 막연한 꿈 한 조각을 품고 상경한 시골 사람들로 넘쳐났습니다. 이들은 일용직 노동자가 되거나 공장에 들어가 야근과 특근을 밥 먹듯 했습니다. 고단한 삶이었지만 이들에게도 꿈이 있었습니다. 눈 감으면 떠오르는 고향의 추억도 있었고요. 지금은 노년층이 된 이들에 의해 오늘날의 대한민국이 만들어졌다고 해도 과언이 아닙니다.

돈은 있다가도 없고, 없다가도 있는 겁니다. 부유할 때도 있고, 가난할 때도 있는 게 인생이죠. 자리나 명예도 마찬가지입니다. 앉을 때가 있으면 일어나야 할 때가 있고, 올라갈 때가 있으면 내려올 때가 있는 법이에요. 건강도 그렇죠. 건강할 때가 있고, 병이 찾아올 때가 있습니다. 뭐든 자신할 수 없고, 다 가질 수 없는 게 인생입니다. 하지만 추억이나 꿈은 그렇지가 않습니다. 누가 빼앗아갈 수도 없는 겁니다. 코끝에서 호흡이 멈추기 전까지 내 꿈과 추억은 오롯이 나만의 것입니다. 언제고 꺼내볼 수 있고, 아무리 보고 또 봐도 닳거나 헤어지지 않습니다.

돈이나 명예를 좇아 나에게 주어진 인생의 소중한 시간들을 허비하기 보다는 내 사물함에 아름다운 추억과 빛나는 꿈을 채워 보는 건 어떨까요? 혹시 누군가 내가 저장해둔 소중한 것들을 가져간다 하더라도 내 사물함은 텅 빈 공허함으로 남지는 않을 겁니다. 추억과 꿈은 아무도 가져갈 수 없을 테니까요. 지금 내 사물함에는 무엇이 들어 있나요? 혹시 텅 빈 공간인가요? 그렇다면 이제부터라도 그 허전한 공간을 다시 한 번 채워 보세요. 그립고 따뜻한 마음을 듬뿍 담아서요.

위안칭이 袁庆一, Yuan Qingyi

1960년생인 그는 봄을 주제로 미술 활동을 하면서 큰 화제를 불러일으켰다. 그의 작품들은 특별히 눈길을 끄는 화려한 스타일도 아니고, 시대의 유행을 이끄는 전위적인 스타일도 아니다. 위안칭이는 극도로 절제된 성격을 가진 화가로서 오랜 시간 동안 그만의 추측에 근거한 언어를 가지고, 그만의 클래식한 방식으로 시대의 흐름에서 벗어난 작업을 해왔다.

돌고 도는 길

거미줄처럼 얽히고설킨 골목길을 아무리 걷고 또 걸어도 사방에 막다른 길만 나타날 뿐 출구도 이정표도 보이지 않아 애를 태워 본 기억 있으신가요? 난생 처음 가본 동네에서 주소가 적힌 쪽지 하나 달랑 들고 아무리 동네를 돌고 또 돌아도 주소에 나온 집을 찾을 수 없어 발을 동동 굴러 보신 적 있으신가요? 저는 어릴 때 이런 꿈을 종종 꾸곤 했습니다. 비록 꿈이었지만 애타고 답답한 심정은 말로 다할 수 없을 정도였죠. 괴로움에 몸부림치다가 깨어나 그게 꿈이었다는 걸 알게 된 순간 얼음 넣은 사이다를 마신 듯 시원한 해방감을 맛보곤 했답니다.

그림 속에 복잡한 미로가 펼쳐져 있군요. 미로迷路는 어지럽게 갈래

웨민쥔, 〈미로 Maze-looking for Art〉

가 져서 한번 들어가면 다시 빠져나오기 어려운 길을 가리킵니다. 가운데에서 시작한 원은 계속해서 파동을 만들고, 원 밖의 원에는 한 번 들어가면 돌아 나오기 힘든 길들이 오밀조밀 연결되어 있습니다. 언뜻 방처럼 보이기도 하네요. 하얀 이를 마음껏 드러낸 채 파안대소하는 인물화로 유명한 역설의 거장 웨민쥔의 그림입니다.

〈미궁 시리즈〉 중 하나인 〈미로〉를 자세히 보면 방마다 문과 창의 위치와 모양이 다릅니다. 방 안에 놓인 물건이나 사람들의 행동도 제각각이죠. 문이나 창이 전혀 없는 방도 눈에 띄네요. 화가는 이 그림을 통해 무슨 말을 하고 싶었던 걸까요? 출구 없는 미로 속을 끝없이 헤매며 어제도 오늘도 내일도 동일한 일상을 반복하고 있거나 반복할 수밖에 없는 현대인들의 삶을 표현한 게 아닐까요? 혹은 미로 안에 갇혀 버린 것 같은 암울한 중국의 모습을 그린 게 아닐까요?

그런데 재미있는 장면이 하나 있어요. 가운데에서 약간 왼쪽 아래를 보면 검은 벽면에 흰색 글씨가 보입니다. "Please don't leave me."라고 적혀 있네요. "제발 날 떠나지 말아요." "제발 날 버리지 말아요." 이런 뜻입니다. 미로 안에 갇힌 고독한 인간들의 절규처럼 들립니다. 사방 어디를 둘러봐도 자유가 없고, 희망이 없고, 미래가 없는 사람처럼 고통스러운 사람은 없을 겁니다. 그런 사람에게 가장 필요한 건 내 곁에 같이 있어 줄 그 누군가일 겁니다. 함께 자유를 노래하고, 희망을 이야기하며, 미래를 꿈꿀 수 있는 그런 사람, 그런 단 한 사람 말입니다.

미술치료 기법 중에는 '만다라Mandala'가 있습니다. 만다라는 밀교에서 발달한 상징의 형식을 나타낸 불화佛畫로 신성한 단에 부처와 보살을 배치한 그림입니다. 하나의 중심을 둘러싸고 원형 혹은 정사각형의 일정한 형태가 순환적이고 반복적으로 이어져 있습니다. 이는 우주 만물의 조화와 은혜 그리고 깨달음의 경지를 표현한 것입니다. 참다운 성취 또는 해탈을 뜻하죠. 인간은 이 만다라를 통해 내적 갈등을 표현할 수도 있고, 몸과 마음의 평화를 얻을 수도 있습니다.

스위스의 정신분석가인 칼 구스타브 융이 처음으로 만다라에 이러한 심리학적 의미를 부여하고, 치료 분야에 적용했습니다. 융은 원을 그려 넣고 환자에게 그날 기분에 따라 그림을 그려보게 했더니, 환자의 마음 상태에 따라 그림이 달라지는 결과를 볼 수 있었다고 합니다. 그 후 제자들에 의해 더 많은 연구가 이루어졌지요. 원은 어디서나 균형이 잡혀 있어서 통일성과 원만함, 편안함을 줍니다.

정처 없이 방향을 잃어버린 마음은 누구에게나 있는 돌고 도는 자연스러운 감정입니다. 만다라에서 원은 내 마음을 의미합니다. 우리의 마음은 여러 가지 일로 인해 상처도 나고 흠집도 생기면서 연륜이 쌓이게 되죠. 이런 일을 겪을 때 중요한 것은 나를 보호하기 위해 움츠리면서 자꾸만 마음의 문을 꼭꼭 걸어 잠그지 말고, 그 모든 게 있는 그대로 들어오도록 마음의 문을 활짝 열어 두는 겁니다.

예전에 제가 베이징에 있는 트라우마 자살관리센터에 갔을 때의 일입니다. 역시나 사람들 대부분이 마음의 문을 굳게 닫고 있었습니다. 가족 중에 자살한 사람이 있는 사람은 마음 한구석이 늘 어두울 수밖에 없습니다. 누구에게도 마음의 문을 열지 않았죠. 하지만 치유가 진행되면서 조금씩 마음의 문을 열기 시작했습니다.

고양이를 좋아하던 남편이 먼저 세상을 떠난 아내는 고양이만 그렸습니다. 사랑하는 딸의 갑작스런 죽음에 고통스러워하던 부부는 그림을 그릴 때마다 눈물을 뚝뚝 떨구었습니다. 그 부부는 아직도 죽음을 실감하지 못한다면서 딸의 이름을 부르며 말을 그렸습니다. 저는 그들에게 자신의 슬픔과 아픔을 그림으로 표현하도록 했습니다. 그리고 죽은 이들에 대해 충분히 애도하는 시간을 갖게 했습니다. 가족 중 누군가 죽음을 맞은 것은 슬픈 일이지만 그것은 남아 있는 가족 누구의 잘못도 아님을 알려주었습니다. 죄책감을 갖지 않도록 하는 것이 중요했습니다.

저는 그분들이 다시 일상생활로 돌아가 외상 후 상처를 잊고 살아갈 수 있도록 도왔습니다. 그들을 치료하면서 저는 어느 나라 사람이든, 무슨 일을 하며 살아가든 상처는 누구에게나 아프다는 것을 깊이 깨달았습니다. 일본에서 발생한 쓰나미로 졸지에 가족을 잃은 사람들, 중국 쓰촨성에서 일어난 지진으로 심각한 고통을 당한 사람들, 그리고 이런 사고로 죽거나 다친 사람의 남겨진 가족들 모두가 엄청난 아픔을 겪었습니다. 이 세상에 상처받지 않은 영혼은 없다는 걸 알았습니다.

베이징 트라우마 자살관리센터에서의 치료 경험을 떠올리며, 이 작품에 등장하는 문들을 보니 더욱 무거워 보입니다. 누구에게나 있을 수 있는 이 무거운 문들은, 본인이 직접 열려고 노력해야겠지만 주변의 도움도 필요합니다. 미로에 갇혀 있거나 미로를 헤매고 있다고 생각하는 사람들에게 작은 창이나 문을 통해 손길을 내미는 건 한 생명을 살리는 일일지도 모릅니다. 관심과 사랑, 배려는 그것이 비록 작은 것일지라도 상처를 극복하고 슬픔을 이기는 큰 힘이 되곤 합니다.

혹시 내 가까이에 있는 누군가가 이런 상황에 처해 있는 건 아닐까요? 이런 슬픔에 빠져 있는 건 아닐까요? 그가 마음의 문을 닫아 버리기 전에, 오늘 하루 힘든 일은 없었는지, 기분은 어땠는지 안부를 물어봐 주며 살피는 것은 어떨까요?

내가 웃는 게 웃는 게 아니야

웨민쥔에게 세계적인 명성을 가져다준 〈웃음 시리즈〉입니다. 끊임없이 웃는 얼굴에는 문화혁명 시기에 겪었던 참을 수 없는 고통과 개혁개방에 대한 희열 그리고 미래에 대한 두려움과 긴장감이 동시에 담겨 있습니다. 그에게 웃음은 사람들의 마음에 도사린 매서운 추위를 몰아내는 태양과 같았습니다. 작가는 직접적이진 않더라도 그림을 통해 화가로서 사회와 현실에 참여하고자 한 것입니다.

그의 작품을 보면 세상에 이렇게 호탕한 웃음이 있을까 싶습니다. 비슷한 얼굴과 몸을 가진 사람 여럿이 모여 있습니다. 몸은 핑크색이고 근육도 보이네요. 눈을 감고 하얀 이를 드러내며 한바탕 크게 웃어대는 사람들을 보며 관객들 역시 신나게 웃을 수밖에 없습니다. 웃

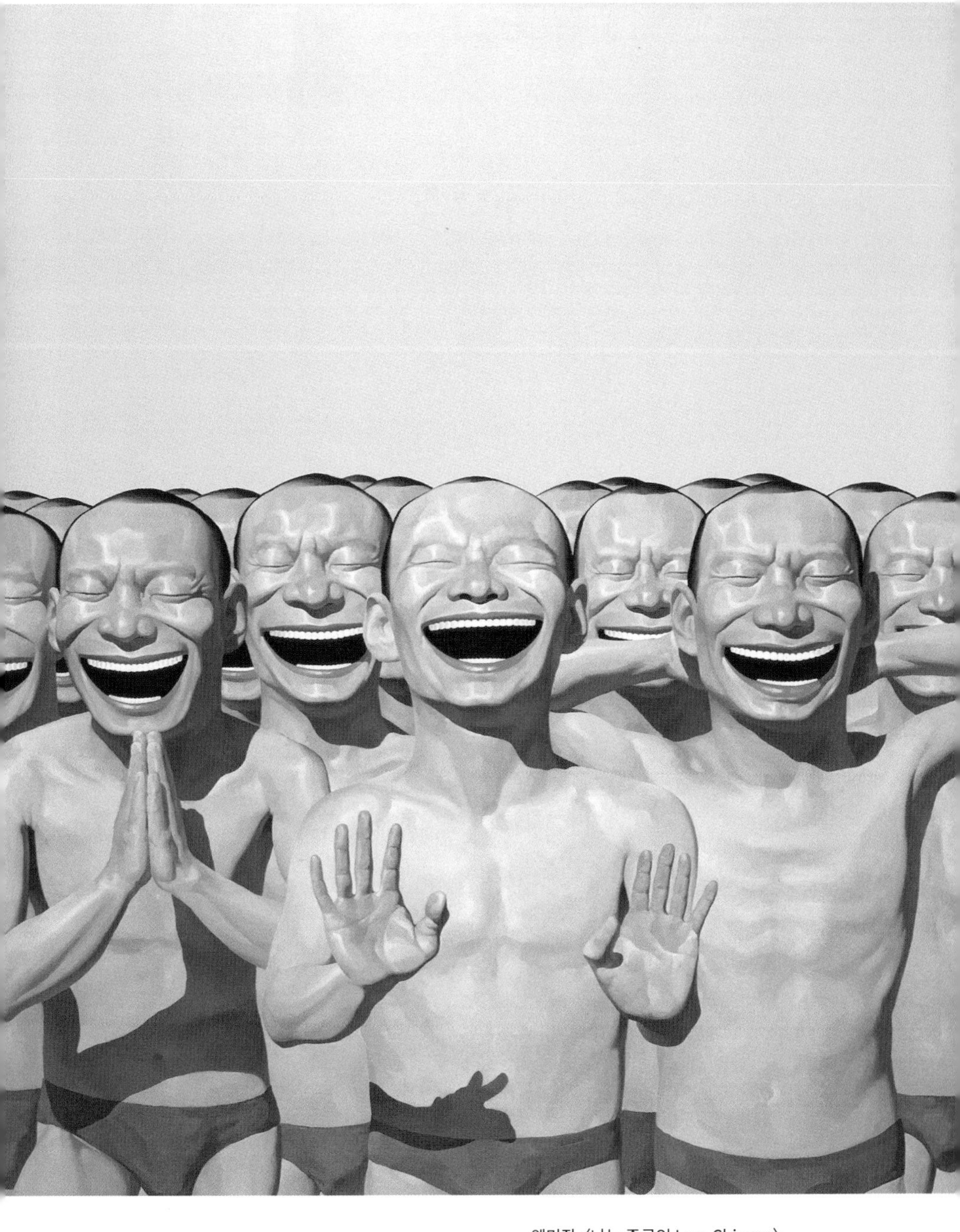

웨민쥔, 〈나는 중국인 I am Chinese〉

웨민쥔, 〈천당 天堂〉

음의 전염성이라고나 할까요? 하지만 이들의 웃음을 계속해서 보고 있노라면 서서히 웃음이 잦아들면서 왠지 슬퍼집니다.

가끔 웃고 나서 이런 말을 하는 사람이 있습니다. "내가 지금 웃고 있지만 웃는 게 웃는 게 아니야." 웃는 것은 겉모습일 뿐 마음속은 시커멓게 타들어 가고 있다는 뜻이겠지요. 이 작품 역시 그렇습니다. 웃고 있지만 머릿속은 계속해서 이 생각 저 생각을 하고 있는 겁니다. 속내가 아주 복잡합니다. 거짓 웃음이죠. 우리에게는 때로 건강한 페르소나Persona, 고대 그리스어에서 파생된 말로 '외적 인격' 또는 '가면을 쓴 인격'이라는 의미가 필요합니다. 그러나 항상 가면을 쓴 채 살아간다면 얼마나 슬프겠습니까? 입을 떡 벌리고 이를 있는 대로 드러낸 채 웃고 있는 사람들을 화폭에 담으면서도 어쩌면 작가는 실컷 울고 싶었던 게 아닐까요? 억지스러움이 넘쳐나는 웃음을 통해 웃을 수 없는 암울한 세상을 고발하고 풍자하는 그림, 이것이 바로 작가가 추구하는 웃음의 패러독스입니다.

이번에는 웃는 사람들이 구름 위를 둥둥 떠다닙니다. 지상에서 중력의 법칙을 벗어난 영원한 사랑을 화폭에 담았던 러시아 태생 프랑스 화가 마르크 샤갈 그림 속 주인공들처럼 말이죠. 왼쪽에는 팬티만 입은 남자가 구름을 타고 양반다리를 한 채 한껏 웃고 있네요. 오른쪽에는 흰색 티셔츠에 양복바지를 입은 남자가 파안대소를 하고 있습니다. 웃느라고 뒤로 나자빠져 두 발만 보이는 남자도 있군요. 아래는 같은 차림새로 웃음을 참지 못해 괴로워하는 남자가 있습니다. 파란 하늘과 흰 구름과 유쾌한 웃음, 분명 즐겁고 신나는 요소들을 다 갖추고 있지만 보면 볼수록 눈물이 나오려고 합니다. 왜 이리 자꾸 슬퍼지는 걸까요?

"내 작품 속 인물은 모두 바보 같다. 그들은 웃고 있지만 그 웃음 속에는 강요된 듯한 부자유스러움과 어색함이 숨어 있다. 나는 이들의 모습을 통해 아무 생각도 없이 누군가에게 조종당하며 행복해 하는 사람들을 표현한다. 이들은 곧 내 초상이자 친구의 모습이며 나아가 이 시대의 슬픈 자화상이기도 하다."

작가는 이렇게 말했습니다. 웃는 사람들을 보며 웃음이 나오지 않는 이유입니다.

중국인들은 항상 유쾌하고 긍정적입니다. 베이징과 따리에서 웨민쥔을 만났을 때도 마찬가지였습니다. 친절하고 호탕하기 그지없는 전형적인 중국인이었습니다. 그런 사람과 대화를 나누고 맛있는 음식을 함께 먹는 건 참 즐거운 일입니다. 그는 그림에서처럼 과장되게 웃지 않았지만 얼굴에는 친오빠 같은 미소가 가득했습니다. 중국인들도 간혹 무관심한 경우가 있지만 이는 남의 일에 참견하기 싫어하고, 시비에 휘말리지 않으려는 그들의 성향 때문입니다. 이를 '메이쓰 정신沒事情神'이라고 합니다. 자기중심적이고 이기적이라는 뜻이죠. 하지만 자기에게 이익이 되는 일에는 물불을 가리지 않고 달려가는 게 중국인들이라는 은근 비꼬는 듯한 뜻도 숨겨져 있는 듯합니다.

혹시 거짓으로 웃어 본 적 있으신가요? 속은 편치 않은데 겉으로는 억지웃음을 지을 수밖에 없었던 경우 말이죠. 아마 두 번 다시 하고 싶지 않은 경험이었을 겁니다. 다른 사람이 내 앞에서 뭔가 아쉬운 부탁을 하면서 억지웃음을 짓는 걸 보는 것도 유쾌한 경험은 아니죠. 나와 가족과 우리 주변 사람들 모두가 정말 진심에서 우러나오는 함박웃음을 지으며 살아갈 수 있다면 얼마나 좋을까요?

웨민쥔 岳敏君, Yue Minjun

1962년에 태어나 유년기를 베이징에서 보낸 그는 허베이사범대 회화과를 졸업한 뒤 미술 강사로 일했다. 청년 시절 톈안먼 사태를 목격한 이후 현실의 한계를 깊이 인식한 그는 허무와 냉소 그리고 분노와 혐오를 그림으로 표현하기 시작했다. 배반하는 현실을 비웃고, 폭력적인 현실에 눈감는 자아를 표현한 그의 그림을 접한 비평가들은 그를 '냉소적 사실주의자'라고 평했다. 대표작 〈웃음 시리즈〉가 세계적인 주목을 받으면서 2007년 런던 소더비 경매에서 〈처형〉이 590만 달러에 팔려 나갔다. 그의 작품은 대부분 시리즈로 구성되어 있는데, 〈웃음 시리즈〉, 〈장면 시리즈〉, 〈미궁 시리즈〉 등이 많이 알려져 있다.

불안함을 줄여주는 에너지

회색 의자와 붉은색 배경 화면은 보는 이로 하여금 우울하고 불안한 감정이 들게 합니다. 전등 아래 놓인 붉은색 보온병, 가위, 알약들, 약간의 액체가 담긴 페트병, 신발, 흐트러진 서류들……. 그림 속 사물들에서 현대인의 정신적 불안감을 찾을 수 있습니다. 우리 주변에는 감정 조절이 힘든 사람들이 많이 있습니다. 이런 분들은 간혹 극도로 마음이 술렁이며 뒤숭숭함을 느끼게 되는데요. 이 그림에서 보이는 회색과 붉은색은 더욱 삭막해진 현대인의 마음을 표현합니다.

원래 붉은색은 에너지가 있어서 우울한 사람에게 역동적인 힘을 주기도 하는데, 이 작품에서는 어쩐지 어지럽기도 하고 피곤하기까지 하네요. 빨리 환기를 시키지 않으면 정신적으로 견디기 힘든 상황이

마오쉬후이, 〈일상의 서사시, 죽은 자연, 레드 속의 하모니 Daily epic, Dead nature, Harmony in Red〉

올 것만 같습니다. 특히 가운데 놓인 새빨간 가위는 섬뜩한 느낌을 주기에 충분합니다. 엿장수들이 가지고 다니는 가위처럼 생겼지만 정서적으로는 정반대 이미지에요. 이럴 때 마음을 밖으로 나가게 하는 것, 즉 자기 세계에만 빠지지 않도록 하는 것은 심리적으로 매우 중요합니다.

자신의 내면세계를 드러낸 이런 그림들은 1980년대 중국 미술에 자주 등장하는 표현 양식입니다. 이 시기에 화가들은 자아 표현을 회화의 본질로 보았습니다. 이것이 이른바 신사조 운동입니다. 급격한 개혁 개방 속에서 작가들은 자기 내면세계뿐만 아니라 고독한 자아와 인간 존재 문제에 큰 관심을 기울입니다. 정부에서 양심적인 학자와 문화예술인에 대해 탄압을 강화하자 예술가들은 이에 대한 저항으로 기존 정치 이념과 도덕 그리고 윤리관 일체를 부정합니다. 이 같은 자기 부정과 해체를 통해 그들은 극단적 개인주의나 도시 문명이 가져다 준 인간성 상실 등을 화폭에 담아내게 된 것이죠. 일부는 아예 망명이나 사업으로 삶의 궤적을 옮기기도 했습니다. 마오쉬후이의 작품 역시 이런 흐름 속에서 이해해야 합니다.

그의 그림을 보면 자책감과 불편함으로 가득 찬 복잡한 내면세계가 잘 드러나 있습니다. 마치 노르웨이 출신의 표현주의 화가 에드바르드 뭉크의 〈절규〉를 보는 듯합니다. 어찌 보면 마오쉬후이는 뭉크의 강렬한 붉은색보다 더 처절한 붉은색을 사용하고 있는 것처럼 보입니다. 특이한 것은 그의 그림에는 살아 있는 것 같은 가위가 항상 등장한다는 겁니다. 그래서 그를 '가위의 작가'라고 부르죠.

"일상 속 물건들을 그리다가 어느 날 단순명료한 가위가 눈에 쏙 들어왔어요. 그래서 가위를 그리기 시작했죠. 가위에는 기하학의 기호가 모두 들어 있어요."

어떤 인터뷰에서 그가 한 말입니다. 커다란 화폭 안에서 그의 가위는 다양한 형태로 변주되며 현대인의 정서와 내면세계를 드러냅니다. 가위는 열쇠나 의자 등과 함께 권력을 상징합니다. 도구란 잘 사용하면 이득이 되지만 잘못 사용하면 해악이 되는 법이죠. 가위도 옷을 만들거나 물건을 오릴 때는 요긴하게 쓰이지만 함부로 자르고 나누고 난자하면 회복 불가능한 해를 끼칠 수 있습니다. 이 그림에서도 의자는 비뚤어진 권력을 나타내고, 섬뜩한 가위는 분노를 표현하는 수단입니다.

그런데 작가의 어지럽고 어수선한 마음이 구겨진 레드 안에서 절묘하게 하모니를 이루는 모습은 눈여겨볼 만한 부분입니다. 불안과 우울을 표현하는 이 붉은색 작품은 뜻밖에도 우리에게 전혀 다른 에너지를 주고 있습니다. 그 에너지는 일종의 영혼을 정화시켜 주는 역할을 하는데요. 무의식 속에 억눌려 있던 마음의 상처, 콤플렉스, 말, 감정 등을 강하게 밖으로 분출하는 것은 감상하는 이들에게는 카타르시스를 줄 수 있습니다. 안으로 쌓아만 두는 것이 아니라 불순물을 밖으로 끄집어내 흩어지게 하는 과정에서 상처가 작아지는 효과가 있기 때문입니다.

2018년 여름 저는 쿤밍에 있는 마오쉬후이의 작업실에서 그와 이야기를 나눌 기회가 있었습니다. 그를 만나기 전 그에 대한 이미지는 온통 가위에 모아져 있었기에 약간 날카롭고 뾰족한 사람이 아닐까 생각했습니다. 하지만 그는 참으로 부드럽고 온화한 사람이었습니다. 우리는 미술 작품과 심리치료에 대해 많은 대화를 주고받았습니다. 즐겁게 식사를 하고 헤어질 때는 책과 가위를 선물로 주더군요. 그에게서 선물로 받은 가위는 날카롭고 뾰족한 느낌이 아니라 부드럽고 따뜻한 느낌이었습니다. 사람의 감정이라는 게 이렇게 변화가 많은 겁니다. 내가 어떤 마음 상태인가에 따라 동일한 사물이 전혀 다르게 느껴지고 받아들여지니까요.

다시 그림을 볼까요? 조금은 다르게 보이시나요? 여러분도 이 그림처럼 내 안에 있는 우울하고 어두운 생각들을 마음껏 발산해 보세요. 내 마음을 모두 드러내 남김없이 표현해 보는 게 좋습니다. 서툴지만 감정을 그려 보기도 보고, 기분을 표현해 보기도 하며, 느낌을 드러내 보기도 하세요. 내 안에 있는 기대나 욕구들이 뿜어져 나올 거예요. 찬찬히 표출된 이미지들을 하나씩 들여다보는 시간을 가지세요. 그 못난 이미지들은 모두 쓰레기통에 버려야 할 불편한 감정의 찌꺼기들입니다.

과거의 나를 만나는 열쇠

"진보를 위해서는 위급한 상황이 필요했다. 램프를 만들어 낸 것은 어둠이었고, 나침판을 만들어 낸 것은 안개였으며, 탐험을 하게 만든 것은 배고픔이었다. 그리고 일의 진정한 가치를 깨닫기 위해서는 의기소침한 나날들이 필요했다."

프랑스의 대문호 빅토르 위고가 남긴 말입니다. 성공한 대부분의 사람들은 이렇듯 어둡고, 흐리고, 배고프고, 의기소침할 수밖에 없었던 아픈 과거를 간직하고 있습니다. 아름다운 발레리나의 굳은살이 잔뜩 박인 거친 발은 혹독한 훈련을 견디느라 생겨난 상처입니다. 값진 결실을 얻기 위해서는 육체적으로나 정신적으로나 그만큼 괴로운 시간을 보내야만 합니다. 이것이 인생 앞에 주어진 운명 같은 아픔입

마오쉬후이, 〈가부장주의 Paternalism〉

마오쉬후이, 〈쌍둥이 가장의 이미지 Image of Twins Patriarchs〉

니다. 온통 장밋빛으로 일관된 삶이란 현실 속에서는 존재하지 않습니다. 하지만 어려운 상황일수록 더 강하게 이에 맞서는 사람들이 있습니다. 항상 도전하면서 새로운 시도를 두려워하지 않는 사람들은 뚜렷한 성과도 나타내게 마련입니다. 역경을 헤쳐 나가는 과정에서 부딪히고 찢어지는 고통이 따르지만 이들은 그것을 괴롭고 고단한 일로만 기억하지 않습니다. 당시에는 아팠던 흔적도 현재 시점에서는 부드럽고 달콤하게 해석되기도 합니다. 이들이 힘겨웠던 아픈 과거를 아름답게 기억하고 추억하는 것을 보면서 우리는 깊은 감명을 받기도 합니다.

첫 번째 그림을 보면 왼쪽에 빨간 열쇠가 보이고, 가운데 열쇠 구멍 같은 게 보입니다. 거울 같기도 하네요. 아무튼 그 안에 누군가 홀로 앉아 있습니다. 조금 고독해 보이기도 합니다. 오른쪽에는 기억의 편린인 듯 붉은 점들이 둥그렇게 찍혀 있군요. 둥실둥실 떠다니는 것처럼 보일 수도 있고요. 두 번째 그림은 열쇠 구멍으로 들여다본 풍경일 수도, 열쇠로 문을 열고 안으로 들어간 것일 수도 있습니다. 그랬더니 한 사람이 아니라 두 사람이 앉아 있네요. 무슨 의미일까요?

과거에 실제로 있었던 일과 현재 내가 기억하고 있는 과거가 일치하지 않을 수 있습니다. 어떤 게 사실이고, 어떤 게 왜곡된 것인지 혹은 어떤 게 옳고, 어떤 게 그른 것인지는 중요하지 않습니다. 지금 내가 기억하고 있는, 내 추억 속에 남아 있는 과거의 일만이 내게 의미가 있죠. 아무리 기억해내려 해도 기억나지 않는 과거는 나에게 아무런 의미가 없는 것일 수 있습니다. 열쇠는 언제든 문을 열 수 있는 도구지만 문을 열어 확인하는 게 꼭 좋은 일이 아닐 수도 있습니다.

중국인들은 "하오더好的, 하오더!"라는 말을 자주 합니다. "좋아, 좋아!" 혹은 "됐어, 됐어!"라는 뜻이죠. 매우 낙관적인 삶의 모습입니다. 이런 말을 할 때마다 세로토닌이라는 행복감을 주는 화학 물질이 생겨나 긍정적인 기분이 된다고 하네요. 중국에서 생활할 때 제가 만났던 많은 사람들은 분명히 내 실수라고 생각했던 것도 통 크게 넘어가 줄 때가 많았습니다. 중국인들은 고민을 마음속에 꼭꼭 담아두지 않고 대륙의 기질을 발휘해 그때그때 훌훌 털어 버리는 것 같았습니다. 저는 지치고 힘든 사람들의 심리치료를 위해 때로 그들의 지난 기억을 찾아보게 합니다. 이때 어두웠던 과거는 더 나은 미래를 위해 거쳐야 할 추억으로 해석하기도 하지만, 반대로 유년의 행복한 기억을 떠올리는 것은 아직 세상이 살만한 가치가 있는 곳이라고 느낄 수 있도록 위로도 해줍니다. 아름다운 추억에는 우리를 평생토록 버티게 하는 힘이 있습니다. 힘들고 어려울 때마다 즐겁고 행복했던 과거의 시간들을 떠올리며 "좋아, 좋아!", "됐어, 됐어!"라고 말해 보세요. 스스로에게 이렇게 말하고 나면 답답하고 우울했던 기분이 금방 풀어질 거예요.

여러분에게 과거로 돌아갈 수 있는 열쇠가 주어진다면 어떤 시절의 문을 열고 싶으신가요? 그 너머에는 무엇이 있을까요? 분명 지금과는 다른 기억들이 존재하겠죠. 어느 것이든 현재 자기 안의 슬픔과 기쁨을 들여다보고, 과거의 기억을 통해 스스로에게 묻고 답하는 것은 더 나은 나를 위한 좋은 선택일 수 있습니다.

마오쉬후이 毛旭輝, Mao Xuhui
1956년 쓰촨성 충칭에서 출생해 윈난예술학원 유화과를 졸업했다. 1980년대 중반 개혁 바람이 불어든 중국에서 예술의 다양성을 부르짖으며 형성된 '서남예술단체South West Art Group'를 장샤오강, 예융칭, 판더하이 등과 함께 주도했다. 개혁 개방 이후 근현대 서양 미술이 중국에 뿌리를 내리는 과정에서 마오쉬후이는 서양 미술을 최대한으로 발현하여 독특한 자기만의 세계를 구축한 작가로 평가된다. 가위를 소재로 한 그림을 많이 그려 '가위의 작가'로 불리는 그는 현재 쿤밍에 거주하며 윈난예술학원 교수를 역임했다.

일상의 호흡과 단절

어디서 많이 본 것 같은 그림 아닌가요? 네 맞습니다. 단색화가 떠오르시죠? 좋아하는 분들은 잘 아시겠지만 한 가지 색 또는 비슷한 톤의 색만을 사용한 그림을 단색화라고 해요. 비슷한 듯 보여도 서구의 모노크롬과는 개념이나 형식에서 많이 다르죠. 단색화는 한국만의 고유한 전통과 미학을 담은 그림입니다. 서양 미니멀리즘의 영향을 받아 1970년대 초반에 태동한 단색화는 모노크롬과는 달리 시각만이 아니라 독특한 질감을 드러내기도 하고, 자연미와 관계성 등을 담아내기도 하면서 독자적 화풍으로 발전해 왔습니다. 2000년 광주비엔날레 이후 단색화로 통용되었는데, 세계 미술계가 비서구의 모더니즘 미술에 눈을 돌리기 시작하면서 큰 인기를 끌고 있습니다. 서양

왕광러, 〈관 페인트 Coffin Paint〉

의 모노크롬이 '텅 빈 회화'를 추구한다면 한국의 단색화는 '텅 빈 공간 속의 꽉 찬 충만함'을 추구한다고 말할 수 있을 겁니다.

한국인들이 가장 좋아하는 화가 중 한 명인 김환기의 점화點畫는 대표적인 단색화입니다. 무수한 점들로 이루어진 화면 속에서 그는 자연과 우주와 인간을 추상적으로 표현해냈습니다. 절친한 벗이었던 김광섭의 시 구절에서 제목을 붙인 〈어디서 무엇이 되어 다시 만나랴〉는 너무도 유명한 그림입니다. 현존하는 화가 중에는 이우환이 있습니다. 그의 대표작은 붓에 물감을 묻혀 물감이 없어질 때까지 계속 점과 선을 그린 작품 〈점으로부터〉와 〈선으로부터〉가 있습니다. 그는 이 작품을 통해 존재의 탄생에서부터 소멸까지의 과정을 표현하고자 했습니다.

이 그림은 단색화가 아닙니다. 자기만의 시각으로 추상과 구상의 경계를 탐구해 온 중국의 신예 작가 왕광러의 작품입니다. 검은색과 푸른색의 줄무늬가 낙서하듯 옆으로 길게 이어져 있네요. 긴 줄들이 마치 우리의 마음 같습니다. 〈관 페인트Coffin Paint〉라는 제목의 이 작품은 전자기파를 이용해 만든 것 같은 특징이 있습니다. 텔레비전 흑백 화면의 노이즈처럼 전기 줄무늬가 계속 흐르는 느낌입니다. 하지만 그림을 오랫동안 보고 있으면 점점 마음이 평온해집니다.

마음이 불안할 때는 시간과 간격이 필요하고 일관성 있는 호흡이 필요합니다. 가끔 끊어지지 않는 상념이 들 때가 있어요. 이런저런 복잡한 감정이 몰려옵니다. 그럴 때는 연필 한 자루를 들고 하얀 종이 위에 죽죽 옆으로 선을 그으면서 호흡을 가다듬어 보세요. 정말 아무 생각 없이 말이죠. 차츰 마음이 편안해질 겁니다.

그림을 다시 한 번 보십시오. 위아래 그림 사이가 끊어져 있죠? 이게 단절일까요? 아니면 또 다른 연결일까요? 심리적으로 일상의 호흡 가운데 불길하게 끊어지는 느낌이 들 때가 있습니다. 패턴이 바뀐다고 말하기도 합니다. 자의든 타의든 이런 불안함은 우리에게 스트레스를 안겨다 줍니다. 그러나 우리 삶에서 모든 실과 줄이 끝까지 이어지는 것은 아닙니다. 끊어질 때도 있고 이어질 때도 있죠. 잠시 호흡이 끊긴 것 같을 때, 이를 단절로 보느냐 또 다른 연결로 보느냐는 순전히 우리 마음먹기에 달려 있습니다. 긴 호흡 속에 짧은 쉼은 호흡의 연장이에요.

때로는 예상치 못한 호흡의 중단이 너무나 큰 심리적 압박과 불안정으로 다가오기도 합니다. 이럴 때 지혜롭게 관망하면서 인내하는 것이 중요합니다. 곧 호흡이 다시 연결될 수 있다고 생각하면서 평안하게 그 시기를 기다리는 것이죠.

중국이 간직했던 찬란한 역사와 문화 역시 청나라의 몰락과 공산 정권의 등장으로 단절되고 맙니다. 학자들은 숙청을 당하고, 오랜 전통은 끊어졌으며, 새로운 질서가 들어와 혼란에 빠지게 되었습니다.

하지만 중국은 다시 일어섰습니다. 세계 최대의 인구와 광대한 국토를 가진 중국은 눈부신 경제 발전을 토대로 미국과 어깨를 나란히 할 만큼 부강한 나라가 되었습니다. 과거의 찬란한 역사와 문화가 다시 꽃피어 날 토대가 마련된 겁니다. 거대한 중국도, 미약한 인간도, 일시적 단절은 있을 수 있지만 결국 시간의 흐름 속에서 모든 것이 다시 이어집니다.

내 마음은 어떤가요? 내 가족은, 내 주변은 어떤가요? 잠깐 끊어져 있나요? 아니면 잘 이어져 있나요? 길게 심호흡 한 번 해보세요. 인생은 짧은 것 같지만 꽤 깁니다. 끊어진 줄의 매듭을 엮어 보세요. 다시는 끊어지지 않게 단단히 말이에요.

왕광러 王光乐, Wang Guangle

1976년 푸젠성에서 태어난 왕광러는 유화를 전공했다. 그는 일상 공간에서 추상적 질서를 찾아 그것을 미니멀리즘을 담은 추상화로 변형하는 실험을 전개해 왔다. 그의 그림에서 밝은 색상은 에너지를 발산하는 전기 줄무늬로 캔버스를 손상시킨다. 그리고 잔잔한 톤이 캔버스 밖으로 튀어 나와 입체적인 효과를 띈다. 평론가이자 뉴욕 페이스 갤러리의 중국 파트너로 페이스 베이징을 이끌고 있는 렁린이 2004년 설립한 베이징 코뮌北京公社, Beijing Commune은 그를 대표 작가로 내세운다. 몽환적 입체감과 동양적 사유에 대한 숭고한 위엄 같은 게 느껴지는 그의 추상화는 뉴욕 페이스 갤러리의 개인전에서도 큰 반향을 불러일으켰다. 특히 그의 시리즈 작품 중 〈테라조 Terrazzo〉는 미세한 돌조각으로 이루어진 거대한 그림이다. 따라서 하나의 캔버스를 완성하기 위해서는 1년 이상의 시간이 소요된다고 한다.

허영과 과장하는 심리

한껏 멋을 부린 여자가 보이네요. 진주 목걸이를 하고 명품 백을 둘러멘 채 어디론가 가고 있군요. 체구에 비해 너무 작은 원피스는 속옷처럼 보이기도 합니다. 어딘지 모르게 좀 어색한 느낌이죠? 게다가 얼굴과 손발을 보니 돼지네요? 돼지 목에 진주 목걸이라니……. 무언가를 꾸민다는 것은 가짜를 감추기 위함입니다. 격에 맞지 않는 치장을 한 이 돼지 부인은 온몸이 허영으로 가득합니다. 우리나라에도 1970년대 이후 땅 투기에 몰두했던 '복부인福婦人'이 있었죠? 부동산으로 갑자기 부자가 된 이들은 값비싼 명품을 사들이면서 늘어난 부를 과시했습니다. 이 작품 또한 한순간에 부를 누리게 된 어떤 부인을 풍자하고 있습니다. 외화내빈外華內貧, 즉 겉만 화려하고 속이 빈 허영

첸웬링, 〈행복한 삶 Happy life No 21〉

이란 바로 이런 것이겠죠. 어울리지 않게 무언가를 과시하는 것. 자연스럽게 흐르는 것이 아니라 과장되게 표현되는 모습들. 이렇듯 필요 이상의 욕망과 허영은 삶을 고통스럽게 만드는 질병입니다.

"만일 허영과 욕망, 두려움이라는 감정들을 제어할 수 있는 사람이 있다면, 그는 자신과의 싸움에서 승리자가 될 수 있다. 더불어 조용한 마음으로 세상을 바라보며 행복한 삶을 즐길 수 있다."

고대 그리스 철학자 아리스토텔레스가 남긴 말입니다. 그는 평온을 유지하기 위해서는 느긋하게 관조하는 삶을 살아야 한다고 강조했습니다. 빵 한 조각과 물 한 잔 만으로도 그저 행복했던 사람이 갑자기 비싼 포도주를 마시기 시작하면 불행이 시작된다고 말한 철학자도 있습니다. 어쩌면 첸웬링 역시 이 그림을 통해 '행복한 삶'이란 겉치레나 분에 넘치는 사치보다 욕망을 절제하며 몸에 맞는 편안한 모습으로 살아가는 거라는 점을 반어적으로 표현하고 싶었던 게 아닐까요?

저는 베이징대학 병원에서 교환교수로 근무하면서 중국 사람들이 너무 돈에 큰 비중을 두고 살아가고 있다는 인상을 받았습니다. 잘 알려졌듯이, 중국에서는 큰 행사 시간을 대부분 8시에 맞출 정도로 숫자 8을 좋아합니다. 2008년에 개최된 제29회 베이징올림픽 개막식도 8월 8일 8시 8분 8초에 시작했을 정도입니다. 8八은 중국어로 읽을 때 '빠'라는 소리가 나는데, '돈을 벌다发财'는 뜻의 '빠차이'와 발음이 비슷해서 중국인들에게 행운의 숫자로 여겨집니다. 8자를 옆으로

눕히면 무한대 기호 모양이 됩니다. 그래서 돈에 대한 욕심은 끝이 없는 걸까요?

처음에 중국에 갔을 때는 이렇게 뭐든 돈과 연결시키는 모습을 보면서 중국 사회는 돈이면 뭐든 할 수 있다는 배금주의拜金主義가 만연해 있다고 생각했습니다. 그런데 지금 가만히 생각해 보면, 이들은 상업적인 면에서 이런 기질을 타고 났다고 하는 말이 맞을 것 같습니다. 특히 20~30대 중국 여성들이 값비싼 명품과 화장품을 빠르게 소비하는 것을 보면 황금만능주의로만 해석할 수는 없고, 이들의 지갑을 열게 만드는 마케팅 기술이 오히려 대단하다는 생각이 듭니다.

중국 쓰촨성 청두로 여행 갔을 때는 1,500년 역사를 자랑하는 무후사武侯祠에서도 돈과 관련된 재미있는 이야기를 들었습니다. 이곳은 유비와 제갈량의 제사를 모신 사당으로 유명한데, 중국인들은 삼국지 인물 중 누구를 가장 좋아하느냐고 물었더니 관우를 꼽았습니다. 그 이유가 중국인들에게 관우는 재물의 신처럼 여겨져 숭배한다는 것입니다. 그들이 즐겨 사용하는 인사말도 '부자 되세요!'였습니다.

중국의 결혼 문화와 장례 문화를 보면 중국인들이 체면을 얼마나 중요시하는지를 잘 알 수 있습니다. 사업하는 사람들은 주로 외제차를 타고 다니고, 고급시계 또한 중국인들이 아주 좋아하는 사치품 중 하나입니다. 그러나 진짜 돈 많은 사람들은 수더분하게 입고 다닌다는 말이 있습니다. 이는 중국에서도 사치하고 과장하는 모습과 실용성을 중시하는 심리가 공존하는 것이라고 볼 수 있는 예입니다. 타인의 시선을 지나치게 의식해서 보여주기 식으로 살아가는 사람들은 남들이 자신을 알아주지 않을까 봐 두려워합니다. 그래서 자신이 가진 돈에 비해 무리하게 비싼 옷을 사고, 요란하게 외모를 가꾸지만 왠지 허한 마음은 쉽게 사라지지 않습니다. 스스로에게 자신 있고 당당한 사람이라면 이렇듯 불필요한 사치를 부리지 않을 겁니다. 첸웬링의 돼지 부인이 멋지게 보인다거나 부럽다고 느끼지는 않으시죠? 지금 내 모습은 어떨까요? 거울 속에 비친 겉모습 말고 속마음 말이에요.

트라우마 극복하기

우리는 누구나 겉으로는 알 수 없는 자신만의 마음의 상처, 즉 트라우마를 갖고 살아갑니다. 첸웬링은 작품을 통해 본인의 트라우마를 표현함으로써 상처를 극복하고 있는 작가입니다. 〈홍색 기억〉 시리즈에 등장하는 소년은 그가 어렸을 때 살았던 고향의 아이들을 표현한 것입니다. 아이들은 너무 가난해서 몸은 비쩍 말랐지만 항상 장난을 치면서 즐거운 시간을 보냈을 겁니다. 몸을 가리면서 부끄러워하는 아이들의 표정과 동작은 작가 자신의 수줍은 모습이기도 합니다.

어린 시절 친구들과 함께 물놀이를 한 적 있으시죠? 그때 갑자기 차가운 물이 내 몸에 닿으면 움찔하면서 움츠러들었던 기억이 있을 거예요. 그래서인지 〈홍색 기억〉 시리즈는 까마득히 잊고 지냈던 우리

첸웬링, 〈홍색 기억 Red Memories - 부끄럼 타는 아이들〉

첸웬링, 〈홍색 기억 Red Memories, 수평선〉

의 동심을 자극하기도 합니다.

사실 이 작품은 첸웬링이 번듯한 화랑을 빌려 전시회를 할 만한 경제적 여유가 없어서 바닷가에 배를 띄워 놓고, 그 위에 벌거벗은 아이의 조형물을 세워 전시한 거예요. 슬픈 사연이 있는 작품이죠. 배도 제대로 된 배가 아니라 못 쓰는 플라스틱을 모아 만든 허름하기 짝이 없는 배였어요. 그런데 이 작품이 큰 주목을 끌게 되었죠. 제대로 된 화랑에 전시한 작품보다 더 많은 사랑을 받게 된 거예요. 전화위복이라고 할까요? 위기가 왔을 때 좌절하지 않고 발상을 전환한 결과 새로운 기회가 온 것이죠. 위기는 위험과 기회가 합쳐진 말이라는 게 실감나네요.

붉은색은 우리에게 즐거움과 경쾌함을 줍니다. 하지만 첸웬링은 집에 강도가 들어 온몸에 상처를 입은 이후로, 피를 연상시키는 붉은색에 대한 트라우마가 생겼습니다. 그래서 피처럼 온몸을 붉게 물들인 소년들을 만들어내기 시작했다고 합니다. 제가 보기에는 이렇게 부끄러움 많고 수줍어하는 소년에게 붉은색만큼 용기를 주는 색상도 없습니다. 깡마른 소년의 몸 전체에 흐르는 윤기 있는 붉은색의 기운은 생기와 기쁨을 더해줍니다. 멍하니 어딘가를 바라보며 추운 듯 움츠린 채 앉아 있는 소년의 모습이 한없이 여리고 나약해 보이지만, 그 모습을 보면서 우리는 내 안에 있는 작고 연약한 또 다른 나를 발견하는 것 같습니다.

이번에는 푸른 잔디 위에 놓인 사각형 물체 꼭대기에서 소년이 몸을 숙인 채 뭔가를 들여다보고 있네요. 뭐가 보이는 걸까요? 얼굴은 볼 수 없지만 아마도 호기심 가득한 얼굴이 아닐까 생각합니다. 동심과 호기심은 같은 연장선상에 있는 단어라고 해도 과언이 아니죠. 어

쳰웬링, 〈잠깐 들여다보는 것의 놀라움 An Extraordinary Glimpse〉

린아이들에게 이 세상 모든 것은 궁금하고, 알고 싶고, 보고 싶은 대상이니까요. 눈으로 들여다보고, 귀를 기울이고, 냄새를 맡고, 만져보는 어린아이들의 특징이기도 합니다. 어른이 되면 남들의 시선을 의식하며 살아갑니다. 이것저것 눈치보고, 체면치레해야 할 것들이 참 많습니다. 소년은 주변 시선에 신경 쓰지 않고 자신의 호기심을 채우는 일에만 몰두하고 있어요.

그 다음 작품은 소년이 아예 잔디밭 위에 편안한 자세로 누웠네요? 오른손으로 머리를 괸 채 말이죠. 장난기가 가득한 모양새입니다. 표정이 보이네요. 아주 해맑게 웃고 있어요. 이가 드러난 것도 같군요. 웨민쥔의 〈웃음 시리즈〉에 나오는 사람만큼은 아니더라도 얼굴에 웃음이 가득합니다. 웨민쥔 그림 속 남자들은 억지로 웃고 있지만 이 소년은 진정성 백퍼센트짜리 웃음입니다. 이런 표정을 보고 있으면 어디선가 소리가 들리는 것 같지 않나요? "까르르르……."

트라우마를 지닌 사람들은 실제로 자신의 상처가 무엇인지 잘 모르는 경우가 많습니다. 이때 스스로 다친 마음결을 되짚어보고, 들여다보는 것이 중요합니다. 남에게 들키지 않을까 염려하지 말고, 도리어 아무렇지 않게 거리를 두고 상처를 마주하는 시간이 필요합니다. 첸웬링처럼 붉은색에 대한 트라우마를 오히려 붉은색으로 극복하는 것도 좋은 방법이 될 수 있습니다. 당신의 트라우마는 무엇인가

첸웬링, 〈피난처 Harbor〉

요? 자신의 상처를 회피하고 싶으신가요? 하지만 자꾸 도망치려 하면 계속 쫓아옵니다. 당당히 마주서야 해요. 그래야만 극복할 수 있습니다. 자, 이제 용기를 내 볼까요?

첸웬링 陳文令, Chen Wenling

1969년 푸지엔성에서 태어난 첸웬링은 샤먼 구랑위미술대학과 중앙미술학원 조각과에서 공부했다. 〈홍색 기억〉 시리즈를 시작으로 사실적이면서도 상상력 넘치는 작품들로 많은 주목을 받았다. 중국의 오랜 역사와 문화적 전통에서 소재를 끌어오는 작가로 그의 작품에 등장하는 돼지, 소, 물고기는 물론, 매화나 산수 같은 소재들은 중국 고전이나 전통 회화에서 흔히 볼 수 있는 것들이다. 그의 조각 작품에 나오는 인물들의 표정은 이상한 방식으로 일그러져 있으며, 그래서인지 때로는 희극적이기도 하다. 싱가포르, 미국, 유럽, 한국 등에 있는 다수의 화랑에서 개인전을 가졌으며, 베니스비엔날레, 부산비엔날레, 상하이비엔날레, 아트바젤마이아미 등 국제 전시에도 수차례 참가한 바 있다.

진정 즐기는 삶

빨간색은 중국인들이 가장 좋아하는 색입니다. 중국에서는 설날 세뱃돈을 주거나 결혼식 축의금을 낼 때 '복福', '길吉', '재財' 등의 글자가 적힌 붉은색 종이봉투에 돈을 넣어서 주는 것이 오랜 관례입니다. 이런 붉은 봉투를 '홍바오紅包'라고 합니다. '홍바이시스紅白喜事'라는 말도 있습니다. 청춘남녀 간의 결혼과 천수를 다하고 죽은 이의 장례를 통틀어 일컫는 말입니다. 여기서 붉은색은 결혼을 뜻하고, 흰색은 죽음을 의미합니다. 그만큼 붉은색은 행운과 상서로움을 상징합니다. 속옷도 일부러 붉은색만 입는 사람이 있을 정도입니다. 그래서인지 우리나라와 달리 도로에서도 흰색 자동차는 거의 찾아보기 힘듭니다. 기념할 만한 축하 행사가 있는 날이면 중국 거리는 온통 붉은 물결입니다.

중국의 국기가 새빨간 바탕의 '오성홍기五星紅旗'인 것도 이런 정서와 무관하지 않은 것 같습니다. 이런 붉은색은 우리의 마음을 흥분시키고 즐겁게 만듭니다. 그림 속에는 한 젊은 여인이 서서 뭔가를 물끄러미 바라보고 있군요. 그런데 배경이 죄다 붉은색이네요. 오른쪽 액자 안에도 빨간색 꽃이 보입니다. 여자가 중국인이라면 정말 기분이 좋을 것 같습니다. 게다가 본인 역시 경쾌한 기분을 가져다주는 가로 줄무늬 옷을 입고 있으니까요. 하지만 이 여인의 기분은 그다지 좋아 보이지가 않습니다. 자세히 보면 기분이 어떤지를 판단할 수 없을 만큼 무표정합니다. 짧은 머리를 한 여자는 귀걸이나 목걸이 등 일체의 장신구를 착용하지 않았습니다. 양손에도 반지나 팔찌가 전혀 없네요. 손톱에 매니큐어를 칠하지도 않았고요. 세련돼 보이지만 치장을 하지 않은 도시풍의 젊은 여자는 주변 환경이 어떻든 상관하지 않고 자신이 보고 싶은 곳만을 보고 있습니다. 작가는 이 여인과 자신을 동일시해서 작품 이름을 〈자화상〉이라고 붙였습니다.

작품 속 인물들이 일체 자신의 감정을 드러내지 않는 것, 혹 드러낸다 하더라도 극단적으로 자신을 희화화하는 것, 이를 완세현실주의玩世現實主義라고 합니다. 영어로는 시니컬 리얼리즘Cynical Realism이라고 하죠. 아예 표현하지 않거나 지나치게 과장되게 표현함으로써 잔혹한 현실을 비웃는 것입니다. 위홍은 이 같은 화풍을 유지해 온 작가

위홍, 〈자화상 Self-portrait〉

입니다. 그녀의 작품들은 도시의 화려한 불빛과 강렬한 속삭임마저도, 때로 나를 더 고독하게 만들 수 있다는 걸 보여줍니다. 향수라는 것이 달콤하고 매혹적인 향을 통해 우리에게 낭만과 즐거움을 주기도 하지만, 사람에 따라서 누군가에겐 그 냄새가 불쾌하게 느껴지기도 하는 것처럼 말이죠.

이 그림을 보면서 독자 여러분은 무엇을 느끼고 알게 되셨나요? 차도녀, 즉 '차가운 도시 여자'가 생각나신다고요? 그럴 수도 있겠죠. 저는 주위 환경이 아무리 좋아도 혹은 밝고 화사해도 내 마음이 기쁘지 않다면, 내 마음이 이를 즐기거나 받아들일 준비가 되어 있지 않다면, 결코 나는 행복할 수 없다고 느꼈습니다. 가진 것을 즐길 줄 모른다면 마음은 항상 지치고 힘들 수밖에 없겠죠. 반면 주위 환경이 열악하거나 온통 어두운 회색빛이라 하더라도 내 마음이 기쁨으로 충만하고, 지극히 작은 것에도 만족하며 즐길 준비가 되어 있다면 얼마든지 행복할 수 있을 겁니다. 행복은 외부의 환경이나 조건에서 오는 것이 아니라 내 마음속으로부터 오는 거라는 사실을 새삼 깨닫게 되었습니다.

미술치료를 할 때, 푹 가라앉은 마음이 오랫동안 지속되면 경쾌한 색상을 써 보도록 추천할 때가 있습니다. 때로 붉은 유니폼을 입는 것만으로도 승부욕을 자극해 승률이 높아진다는 실험 결과도 있는

데요. 이처럼 붉은색 계열은 동기 부여와 활동성, 의지력을 높이는 데 적잖은 도움이 됩니다. 아무리 좋은 것을 가지고 있어도 그다지 만족스러운 마음이 들지 않을 때, 주변 환경이나 여건이 크게 나쁘지 않음에도 별다른 이유 없이 우울하거나 울적할 때, 붉은색 사물이나 그림을 한번 찾아보는 건 어떨까요? 빨간색을 많이 사용해서 직접 그림을 그려 보는 것도 좋겠지요. 빨간색이 마음에 들지 않으면 노란색 계통의 물건을 가까이 두는 것도 기분 전환에 도움이 될 겁니다. 그러나 역시 가장 중요한 건 마음을 먼저 다스리는 거예요. 진정 즐길 줄 아는 삶이란, 내가 가진 것을 소중하고 감사하게 생각하며 행복을 느끼는 것이니까요. 지금 내 마음은 무슨 색깔인가요?

위홍 喩紅, Yu Hong

1966년에 태어나 대학에서 미술을 전공하고 화가의 길로 들어선 그녀는 1991년 톈안먼 광장 옆 중국역사박물관에서 개최된 신생대 전시에 참여함으로써 중국의 시대정신을 대변하는 젊은 예술가로 부각되기 시작했다. 그녀의 작품은 삶의 모든 단계에서 여성과 개인의 관점 그리고 개인과 중국에서 일어나는 급속한 사회적 변화 사이의 관계를 특징적으로 묘사한다. 일면 사소하고 단편적으로 보이는 도시생활을 통해 인간의 내면세계를 간결하게 표현하는 데 강렬한 관심을 보이고 있는 것이다. 그녀는 주로 유성 페인트로 작업하지만 파스텔, 직물의 캔버스, 실크 및 수지로도 다양한 염색을 시도한다. 작가의 작품은 친밀감, 정직성, 촉감 등으로 유명하며, 자신과 가족과 친구들을 묘사한 비유적인 작품으로 많은 사랑을 받고 있다. 현재는 중앙예술원에서 유화를 가르치는 교수로 재직 중이다.

2부

그 남자 그 여자 이야기

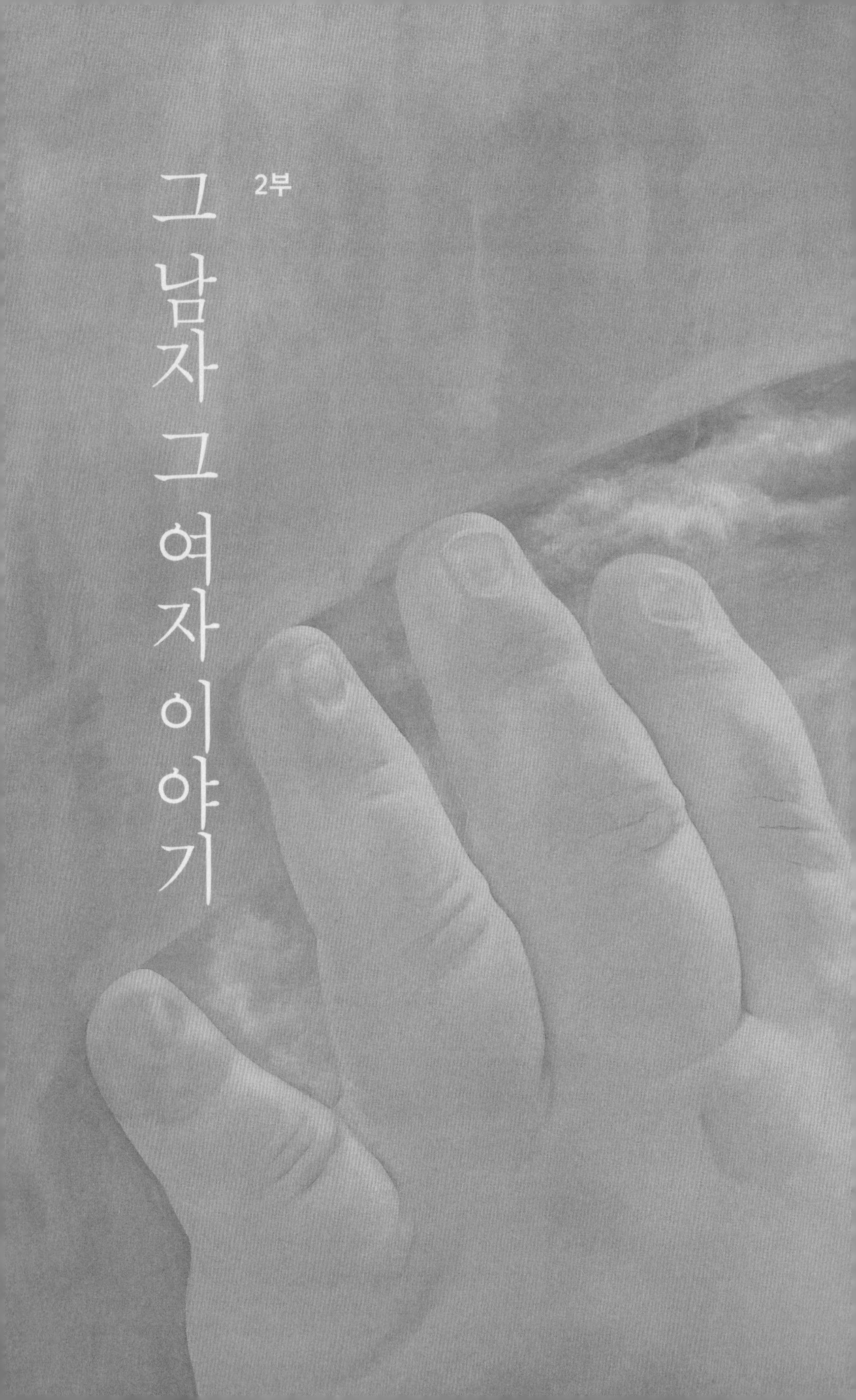

"청춘은 설렘입니다. 낯선 일, 새로운 꿈, 미지의 세계,
모든 게 설렘의 대상입니다. 하지만 가장 큰 설렘은
이성에 대한 두근거림입니다. 그 여자가 있기에, 그 남자가 있기에,
우주가 존재하는 것 같고, 세상이 반짝반짝 빛나는 듯합니다.
이것보다 더 아름다운 게 있을까요? 당신은 한 번이라도
심장이 터질 것처럼 두근거려 본 적 있나요?"

끌림

젊은 여성의 초상화군요. 화려하게 풀어헤친 긴 생머리, 제비 같이 날렵하고 진한 눈썹, 오뚝한 코, 빨갛게 립스틱을 칠한 강렬한 입술, 도드라진 하얀 목…… 자신감이 충만한 도시 여성의 모습입니다. 그런데 가만 보면 좀 어색한 부분이 있지 않나요? 네, 눈을 보십시오. 눈동자가 양쪽으로 치우쳐 있습니다. 가운데를 직시하지 않고 왼쪽 눈은 왼쪽 끝을, 오른쪽 눈은 오른쪽 끝을 바라보고 있어요. 이렇게 눈의 시선이 평행을 이루지 못하는 상태를 사시斜視라고 합니다. 사시를 가진 사람을 낮잡아서 사팔뜨기라 부르기도 하죠. 사시 중에서도 그림 속 여성처럼 양쪽 끝으로 눈동자가 향하는 사시를 외사시外斜視라고 합니다. 이런 눈으로 사물을 바라보면 어떻게 보일까요?

펑정지에, 〈중국 초상 Chinese Portrait L Series 2006 No 08〉

펑정지에, 〈초상 Portrait Series 2012 No 01〉

우리 인체에서 눈동자는 정말 중요합니다. 시각적으로 사물을 인식할 수 있는 기능을 할뿐만 아니라 얼굴 전체의 윤곽을 잡아줌으로써 인상을 결정짓게 해줍니다. 눈동자가 맑고 또렷한 사람은 왠지 총명하고 선량한 사람이라는 인상을 주며, 눈동자가 흐릿하고 게슴츠레한 사람은 왠지 어눌하고 불량한 사람이라는 인상을 줍니다. 아무리 이목구비가 수려하고 멋진 외모를 가졌어도 눈동자가 흐리멍덩하면 좋은 인상을 주기 어렵습니다. 그럼에도 불구하고 화가는 왜 이 그림 속 여인의 눈동자를 이렇게 그린 걸까요? 뭔가 특별한 이유가 있지 않을까요? 이것이 그림의 비밀을 푸는 열쇠인 것 같습니다.

펑정지에는 중국 염속주의 미술을 대표하는 작가입니다. '염艷'은 '곱다', '아름답다', '탐스럽다'는 뜻을 가진 글자고, '속俗'은 '평범하다', '흔하다', '저급하다'는 뜻을 가진 글자입니다. 그러니까 이 두 글자를 합하면 '아름다우면서도 흔한', '예쁘면서도 속된' 뭐 이런 의미가 되겠네요. 약간 어울리지 않는 글자의 어색한 조합 같습니다. 염속주의 미술은 바로 그런 겁니다. 곱고 아름다운 대상을 묘사한 것 같지만 그 속에는 어울리지 않는 속되고 저급한 일면이 도사리고 있는 것이죠. 2000년대에 들어서 염속 예술은 중국 현대 미술을 세계 시장에 알리는 중요한 몫을 했고, 사회주의 체제를 가진 중국 안에서 자본주의와 소비주의를 비춰주는 거울 역할을 했습니다. 그들은 정치적인 것과 우울한 것을 떨쳐버리고, 그런 것과는 무관한 예쁘고 가벼운 생활 밀착형 예술을 시작했습니다. 그중 하나가 여성의 육체입니다. 여기서 여성의 육체는 남성들에게 값싸게 제공되는 오브제인 동시에 자본주의와 소비주의의 주체인 여성 자신이기도 합니다.

자, 이런 맥락 속에서 다시 그림을 감상하니 펑정지에가 왜 이토록 아름다운 여성의 눈동자를 사시로 그려 넣었는지 이해가 되시죠? 그의 작품 가운데 가장 유명한 〈중국 여인의 초상 시리즈〉 중 한 편입니다. 그는 어떤 인터뷰에서 이렇게 말했습니다.

"저는 항상 두 면을 봅니다. 청색과 홍색, 고전과 현대, 내면과 외면, 죽음의 화려함, 예술과 자본, 이성과 부조리……. 양쪽을 동시에 보자니 그림 속 여인들의 눈동자는 각기 다른 모습을 보게 됩니다."

그의 고백처럼 여인의 시선은 모호하지만 강렬합니다. 모든 곳을 꿰뚫어보고야 말겠다는 시선 속의 강한 의지가 웅장한 아우라를 만들어 냅니다. 묘한 외모를 가진 이 여인에게 자꾸만 관심이 집중됩니다. 빨강과 녹색, 두 보색 대비가 주는 느낌일까요? 보면 볼수록 세차게 뿜어져 나오는 아우라 이면에 미궁에 빠진 일순간의 망연자실함과 어리둥절함이 보이기도 합니다. 그녀는 지금 현실과 환상, 삶과 죽음, 과거와 현재, 그 어디쯤의 미로를 서성이고 있는 걸까요? 누구를 찾고 있고, 무엇을 바라보고 있는 걸까요? 여인의 눈동자가 헤매는 허공 속으로 함께 끌려드는 듯 몽환적인 기분마저 듭니다.

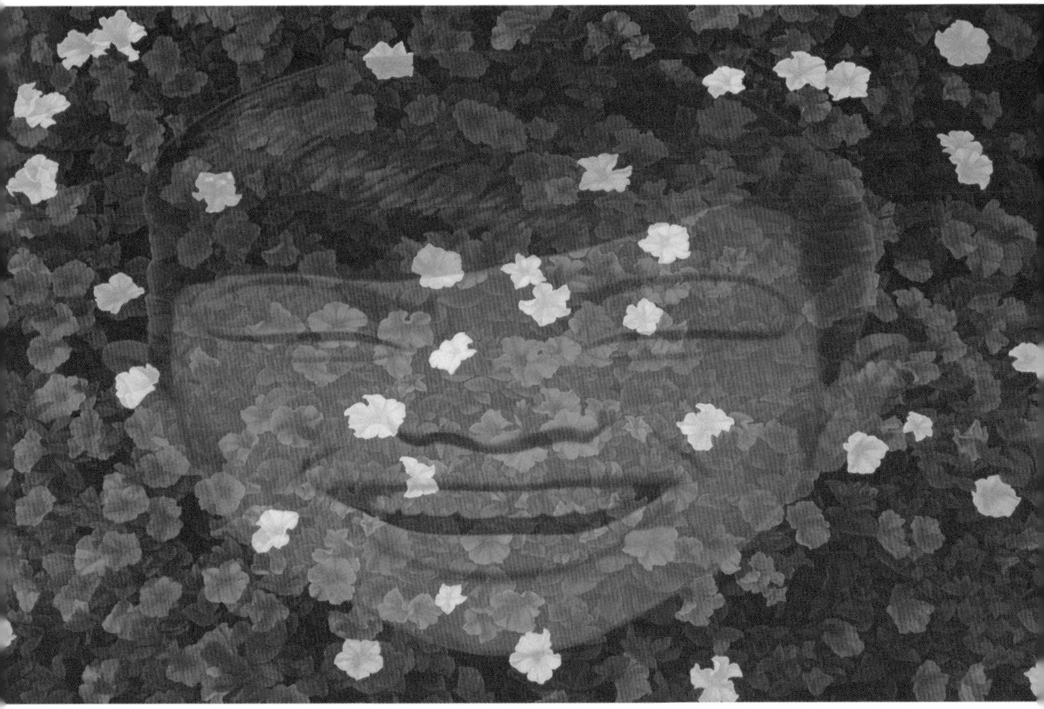

펑정지에, 〈떠다니는 꽃들 Floating Floras No 03〉

펑정지에는 한국인들에게도 많이 알려져 있습니다. 〈중국 여인의 초상 시리즈〉가 스마트폰 케이스 그림으로 인기라고 하네요. 이국적 분위기의 아름다운 동양 여성 캐릭터가 젊은이들에게 호감을 주나 봅니다. 그림만 보면 화가는 여리고 가냘픈 여성이 아닐까 상상하게 되는데, 사실 펑정지에는 시원시원하게 생긴 중국 남자입니다.

민병훈 감독의 아티스트 시리즈로 2016년에 개봉한 영화 〈평정지에는 평정지에다〉가 그것입니다. 그가 직접 출연한 영화입니다. 어느 날 불현듯 나타난 묘령의 여인이 평정지에 곁을 맴돕니다. 떠오르지 않는 구상의 벽 앞에 선 화가는 여인과 함께 시공을 초월한 몽환 속으로 빠져듭니다. 한 화가가 겪게 되는 고뇌와 환상의 과정을 재구성한 작품입니다. 영화를 보면 그의 대표작 〈중국 여인의 초상〉에 나오는 여인들이 떠오릅니다. '그의 그림 속 여인들의 정체는 무엇일까?'를 추리하며 보는 것도 재미있습니다.

꽃잎이 둥둥 떠 있는 연못 속에서 한 여인이 웃고 있네요. 진달래 같기도 한 예쁜 꽃잎, 푸르른 연못의 물, 그 안에 잠긴 여인의 얼굴, 그리고 미소…… 아름답기도 하고 슬프기도 하고, 빨려들 것 같기도 하고, 어서 건져내야 할 것 같기도 합니다. 그의 그림은 이렇듯 묘한 이중적 감정을 자아냅니다. 이것을 저는 '끌림'이라고 부르고 싶습니다. 사람을 만나는 순간도 이와 비슷합니다. 나와 같은 점을 발견했기 때문에 끌릴 수도 있지만 나와 다른 점이 있기 때문에 더 빨리 끌릴 수도 있습니다. 끌리는 감정을 느끼는 사람에게는 뭔가 특별한 것이 있습니다. 남녀 사이에는 더욱 그렇죠. 서서히 끌리기도 하지만 한꺼번에 폭풍처럼 끌림이 일어나기도 합니다. 확실히 연인 사이의 끌림은 자극성이 있습니다. 짧은 순간의 호기심, 눈에 띄는 강렬한 색상, 독특한 분위기…….

누군가에게 강하게 끌려 보신 적 있나요? 끌림 뒤에는 어땠나요? 끌림이 있을 때처럼 짜릿하고 달콤했나요? 아니면 이내 차갑고 덤덤하게 식어 버렸나요? 밖으로 보이는 외면과 안에만 존재하는 내면을 동시에 보기란 쉽지 않습니다. 그래서인지 펑정지에의 여인들은 혼란스러운 시대에 자기 안을 바라보지 못하는 중국인의 초상을 담고 있습니다.

펑정지에 俸正杰, Feng Zhengjie

1968년 쓰촨성에서 출생해 쓰촨미술학원 미술교육학과를 거쳐 동 대학원 유화과 석사 과정을 마쳤다. 현대 중국의 한 단면을 보여주는 염속주의 미술을 대표하는 작가로 독특한 화풍과 색채를 통해 중국을 넘어 세계적인 주목을 받았다. 베니스비엔날레를 포함한 많은 대형 전시에 참가했으며, 싱가포르 미술관, 방콕 황후 미술관, 뉴욕 틸톤 갤러리, 도쿄 갤러리 등에서 개인전을 가졌다. 국내에서도 개인전을 시작으로 국립현대미술관과 한가람미술관 등의 주요 기획전에 참여한 바 있다. 펑정지에 특유의 색감과 조형어법은 적지 않은 국내 애호가 층을 형성했을 정도로 우리에겐 친숙하다. 현재 베이징과 싱가포르, 제주도 등에서 생활하며 작품 활동을 계속하고 있다.

관계를 만드는 법

언뜻 보면 무슨 그림인지 잘 감이 오지 않습니다. 하지만 조금만 살펴보면 이내 얼굴에 미소가 지어집니다. 젊은 여성이라면 불그레한 홍조가 나타날 수도 있습니다. 옷을 입지 않은 젊은 남녀가 격렬하게 키스를 하고 있으니까요. 입술 밑으로 온몸에 붉은 액체가 가득 차 있습니다. 피처럼 보이기도 하고, 뜨거운 기운 같기도 합니다. 아무튼 이 붉은 액체 때문에 이들의 키스가 더욱 자극적으로 보입니다.

이쯤에서 만해 한용운의 시 '님의 침묵'의 한 대목이 떠오르지 않나요? "날카로운 첫 키스의 추억" 말입니다. 저는 첫 키스의 추억이 왜 달콤하거나 짜릿하지 않고 날카로웠을까 항상 궁금했습니다. 그런데 우밍중의 그림을 보고서야 그 느낌을 알게 되었습니다.

우밍중, 〈사랑이 얼마나 지속될까? How long does Love last?〉

이들의 키스는 격렬하지만 차갑고 날카롭습니다. 사랑하는 남녀의 키스에는 뭔가 후끈 달아오르는 게 있어야 하는데, 아니 최소한 애틋하고 애잔한 느낌이라도 있어야 하는데, 이들의 키스를 보고 있노라면 왠지 쓸쓸하기도 하고 슬퍼지기도 합니다.

이 그림의 제목은 〈사랑이 얼마나 지속될까?〉입니다. 지금 저렇게 열렬한 키스를 나누고 있는 연인에게 이들의 사랑이 과연 언제까지 이어질까를 묻는 겁니다. 제목이 좀 잔인하죠? 얼마 가지 않아 이들의 사랑은 깨지고 말 거라는 전제가 깔려 있는 제목입니다. 왜 그럴까요? 왜 이들의 사랑은 곧 깨져 버릴 운명일까요? 두 사람은 유리로 만들어졌기 때문입니다. 유리는 아름답긴 하지만 언제든 깨질 수 있는 연약한 물질입니다. 큰 충격을 받으면 금이 가거나 두 조각이 나는 게 아니라 아예 산산조각이 납니다.

유리로 만든 사람, 그리고 그 안에 가득 담긴 붉은 액체, 이것이 우밍중의 미술 세계를 관통하는 특성입니다. 작가는 왜 이런 대상들을 형상화한 걸까요? 입술이 맞닿아 있는 두 사람의 몸은 마치 전류가 흐르는 것 같지만 유리잔에 담긴 홍차처럼 머지않아 싸늘하게 식어 버리고, 조그마한 충격에도 여지없이 깨져 버릴 겁니다. 지금은 영원할 것 같고, 언제까지라도 식지 않을 듯 뜨겁지만 실상은 그렇지 않다는 걸 보여주는 것이죠. 우리네 인생이 그렇고, 남녀 간의 사랑이 그렇고, 사람 사이의 관계가 그렇습니다.

"영원히 변치 않는 불멸의 사랑, 과연 그런 게 있을까요?"

우밍중, 〈신화 Myth〉

작가는 자신의 작품 속 연인들을 통해 이런 질문을 던지고 있습니다. 투명 유리의 질감과 붉은 액체의 색감, 참 묘하게도 잘 어울립니다. 유리 형상이 사람이 아니라 액체를 담는 잔이라고 하면 붉은 액체는 영락없는 와인입니다. 잘 익은 와인이 가득 담긴 얇디얇은 투명한 잔. 한 잔 마시고 싶은 충동을 느끼게 되지 않나요? 작가는 나약하고 불안하기 짝이 없는 현대인들의 초상을 통해 관객들의 오감을 자극하고 있습니다.

이번에는 인물화가 아니라 산수화네요. 파란 하늘, 절벽, 그리고 소나무 한 그루가 보입니다. 전형적인 중국 산수화의 소재들이죠. 그런데 소나무를 붙잡고 씨름하고 있는 남자가 있군요. 역시 투명 유리로 만들어진 사람입니다. 그러고 보니 바위도, 흙도, 소나무도 온통 붉은색이네요. 이 남자는 왜 이토록 힘겹게 소나무를 붙들고 씨름을 하고 있는 걸까요? 견고한 자연 앞에 선 인간. 아무리 애를 써도 사람의 힘으로 어쩔 수 없는 대자연의 웅장함. 작가는 한없이 나약한 인간 존재를 표현하고 있는 듯합니다. 배경만 바뀌었을 뿐 주제는 동일합니다. 그는 이 작품의 제목을 〈신화〉라고 붙였습니다.

절박한 심정으로 벼랑 끝에 선 소나무를 붙잡고 있는 사람은 바로 작가 자신이기도 합니다. 사실 우밍중은 암에 걸렸었는데, 당시 본인이 느꼈던 외로움과 생명에 대한 간절함 그리고 작은 희망을 예술로 표현함으로써 힘든 마음을 치유했다고 하네요. 살다 보면 누구나 절벽 끝으로 내몰린 것 같은 절망의 순간이 찾아옵니다. 한 치 앞도 보이지 않는 칠흑 같은 시간이죠. 이때 자신을 돌아보면서 마지막까지 희망의 끈을 놓지 않는 집념이 필요합니다. 가장 소중한 사람에게 집중하는 것도 필요하고요. 그렇게 안간힘을 쓰다 보면 조금씩 안개가 걷히고 앞이 보입니다. 신화는 그렇게 만들어집니다.

우밍중은 급격한 사회 발전 속에 물질과 소비가 최고의 가치로 추앙받는 현실에 실망했습니다. 신기루 같은 눈앞의 달콤함과 현란함을 추구하는 사람들에게 절망했습니다. 그래서 그는 질문을 던지기 시작했습니다. 보이지 않는 곳에 도사리고 있는 위험을 경고하기 시작했습니다. 그의 그림은 그의 질문입니다. 질문의 영역은 영원할 것 같은 사랑, 견고해 보이는 현실, 유한한 생명의 한계 등 끝이 없습니다. 술은 물질과 소비를 상징합니다. 술이 채워져야만 모습을 드러내는 인간은 자아를 잃어버린 현대인들입니다.

누군가와 관계를 맺는 것은 함께 놀이를 하는 것과 같습니다. 처음에는 호기심과 관심이 필요하고, 함께 게임의 규칙을 만들면서 완전히 빠져들어 익숙해지면 놀이가 즐겁습니다. 이기고 지는 것은 중요하지 않습니다. 내가 던지는 말에 반응하는 것, 상대방의 작은 몸짓에 마음을 기울이는 것이 필요합니다. 중국 속담 중에 "열 걸음 내에 반드시 좋은 풀이 있다."는 말이 있습니다. 가까운 곳에 좋은 사람이 있다는 이야기입니다. 관계가 즐겁게 유지되려면, 끊임없이 주고받는 마음이 있어야 합니다. 상대가 어떤 마음인지, 무엇을 필요로 하는지, 무엇을 불편해 하는지 알려고 노력해야 하는 것이죠.

정현종 시인의 시 '방문객' 아시죠? 많은 사람들이 애송하는 시입니다. 저는 특히 "사람이 온다는 건 실은 어마어마한 일이다. 그는 그의 과거와 현재와 그리고 그의 미래와 함께 오기 때문이다. 한 사람의 일생이 오기 때문이다." 이 구절을 아주 좋아합니다. 사람을 만나는 일은 이토록 엄청난 주의를 기울여야 하는 법입니다. 아주 사소한 일조차 마음에 새기고 조심하며 관심을 기울이는 것, 이것이 관계의 시작입니다. 누군가와 관계를 만드는 것은 쉽지만, 그 관계를 잘 유지해 나가는 것은 정말 어려운 일입니다. 그만큼 참고 기다리고 노력해야 되기 때문입니다. 저절로 주어진 좋은 관계란 없습니다.

지금 내가 만나는 사람, 내 옆에 있는 사람, 내가 사랑하는 사람을 한 번 바라보십시오. 어떻게 보이시나요? 투명한 유리인가요? 온기가 느껴지는 사람인가요? 우리의 관계, 우리의 사랑이 얼마나 지속될까요? 영원히 변치 않는 불멸의 사랑을 믿으시나요? 절벽 끝에 내몰린다 해도 절대 맞잡은 손을 놓지 않으실 건가요? 사력을 다해 붙잡으십시오. 혼신의 힘을 다해 사랑하십시오. 오늘이 세상의 마지막 날인 것처럼. 두 번 다시 만날 수 없는 사람인 것처럼.

우밍중 武明中, Wu Mingzhong

1963년 허베이성 출신으로 허베이사범대학교, 수도사범대학원을 졸업했다. 그의 작품은 날카롭고 예리하지만 직접 만나보면 누구나 편안하고 마음이 차분해진다. 시종일관 온화한 미소와 함께 조곤조곤 말하는 그의 몸에 밴 친절함 때문이다. 베이징 시내의 유명한 건물에서는 우밍중의 작품을 많이 볼 수 있는데, 그의 그림은 사실적인 그림과 유리에 붉은 와인이 들어 있는 그림이 같이 등장하는 경우가 많다. 이것은 변화를 의미한다. 그는 유리의 투명하고 반짝이며 화려한 속성을 통해 위험이 넘실대는 오늘의 도시와 사회를 그리고 있는 것이다. 현재는 왕성한 작품 활동과 더불어 베이징 수도사범대학 교수로 학생들을 가르치고 있다.

운명

안개가 낀 듯 앞이 뿌옇습니다. 김이 서린 유리창 너머로 한 여인이 앉아 있는 것처럼 보이기도 하네요. 얼굴에 가면을 쓴 것 같기도 합니다. 그런데 머리 쪽에 웬 숫자가 보이는군요. 무엇을 적은 숫자일까요? 전화번호? 아니면 통장 비밀번호? 안개처럼 미스터리한 그림입니다. 손으로 뿌연 김을 닦아내고 안을 자세히 들여다보고 싶습니다.

누군가를 만난 후, 다음 만남을 이어가기 위해 주고받는 것이 전화번호입니다. 아직 상대방의 마음은 어떤지 알 수 없어 그림처럼 뿌옇지만 유리 위에 적힌 숫자는 새로운 관계의 시작을 의미합니다. 숫자를 기록하고 기억하는 것. 잊지 않겠다는 의지입니다. 아쉽게도 마스크를 쓴 여인은 아직 화장을 지운 맨얼굴을 상대에게 보여줄 자신이

양첸, 〈가면을 쓴 여인 Woman with a Mask〉

없는 것 같습니다. 사랑하는 사람에게 예쁘고 좋은 모습만 보여주고 싶은 마음이겠지요.

누구나 한 번쯤 해보는 소개팅. 지인의 소개로 낯선 이성을 만나는 일은 은근히 설레기도 하지만 상당히 부담스럽기도 합니다. 대개 '혹시나' 하고 나갔다가 '역시나' 하고 돌아오게 마련입니다. 다시는 안 나가겠다 다짐해 놓고도 다음에 소개팅이 들어오면 마음 한 구석에서 슬그머니 기대감이 부풀어 오릅니다. 점점 일생일대의 인연이 이번 만남 자리에 나타날지도 모른다는 환상이 생겨나죠. 어느새 마음은 미팅 장소를 향하고 있습니다. 소개팅의 매력은 만남 전에 갖게 되는 기대와 설렘에 있습니다.

몇 번 허탕을 친 뒤, 큰 기대 없이 나갔던 소개팅 자리에서 마음에 쏙 드는 이상형을 만난 경험이 있으신가요? 가슴이 두근거리고, 얼굴이 화끈거리고, 무슨 말을 했는지 뭘 먹었는지 기억나지 않지만, 아무튼 왜 이렇게 시간이 빨리 흐를까 초조했던 그날, 떠오르시죠? 아쉽게 헤어진 다음, 온 신경은 휴대전화기에 쏠립니다. 혹시 전화가 올까, 문자가 올까, 잠시도 전화기에서 눈을 떼지 못합니다. 또 만나자는 전화나 문자가 오면 세상이 온통 장밋빛이겠지만 아무리 기다려도 끝내 전화나 문자가 없을 때 세상은 희뿌연 잿빛으로 변하고 맙니다. 먼저 전화해도 받지 않고, 문자를 해도 답이 없으면 절망의 나락으로 떨어질 수밖에 없습니다. 그 쓸쓸하고 허망한 심정을 누가 알겠습니까?

물론 소개로 만난 사람과 아름다운 사랑을 엮어 가거나 결혼으로까지 이어지는 경우도 있습니다. 낯선 만남이 좋은 인연으로 발전하려면 무엇이 필요할까요? 그림에서처럼 안을 들여다볼 수 없을 정도로 가려진 희미한 서리 혹은 안개를 걷어내는 겁니다. 속을 다 드러내는 것이죠. 진실하게 내면을 보여주는 겁니다. 언제까지 꾸미고 단장한 채 예쁘고 우아한 모습만 보여줄 건가요? 그래서는 만남을 오래 유지하기도 어렵고, 좀 더 진지한 단계로 들어갈 수도 없습니다. 계속 겉만 빙빙 돌 뿐이죠.

전화기가 흔치 않던 시절, 우리 부모님이나 선배들은 편지를 써서 부쳤습니다. 아니면 집이나 학교 앞으로 찾아가 언제 나타날지도 모르는 사람을 하염없이 기다렸습니다. 지금 생각하면 참 미련한 짓 같지만 사랑이란 그렇게 무모하기도 하고 대책 없기도 한 겁니다. 오지 않는 답장을 기다리느라 정처 없이 우체통만 바라보거나 그림자도 보이지 않는 사람을 기다리느라 다리에 쥐가 나더라도 힘들지 않았을 거예요. 사랑하니까요. 그때와 비교하면 요즘은 얼마나 편합니까? 스마트폰이 있잖아요? 숫자란 기대입니다. 전화번호를 안다는 건 설렘입니다. 그런 의미에서 이 그림은 대단히 희망적입니다.

안개처럼 흐릿했던 앞의 작품과 달리 상대적으로 어둠 속에서도 또렷한 선이 눈에 띄는 작품입니다. 뒤로는 겹겹이 둘러싸인 깊은 산중이고, 앞으로는 시원스레 계곡이 흐릅니다. 나무 사이로 아담한 집도 보이네요. 안빈낙도安貧樂道, 즉 가난한 생활을 하면서도 편안한 마음으로 도를 즐기는 사람이 사는 곳 같습니다. 전원을 켜면 이어진 선을 따라 불이 들어올 것 같지 않나요? 양첸은 작품의 소재나 주제도 다양하지만 재료나 격식에도 구애를 받지 않는 변화무쌍한 작가입니다. 나무 모양이 꼭 높은음자리표처럼 생겼죠? 그래서인지 그림을 보면 어디선가 아름다운 선율이 들려올 것만 같습니다.

이 그림처럼 사람 사이의 만남이란 아무리 끊어내려 해도 계속 이어지고, 언제까지라도 이어질 듯하다 가도 어느 순간 뚝 끊어져 버리

양첸, 〈계곡과 산으로부터 멀리 떨어진 Remote from Streams and Mountains〉

기도 합니다. 그러고 보면 인연은 사람의 힘으로는 결코 붙잡아 둘 수 없는 운명 같은 게 있는 것 같습니다. 운명적인 만남은 언제 어떻게 우리에게 다가오는 걸까요? 아니 운명적인 만남이 과연 있기는 한 건가요?

"사실, 인생을 결정하는 극적인 순간은 종종 놀라울 정도로 사소하다. 엄청난 영향을 끼치고 삶에 새로운 빛을 비추는 일은 조용히 일어난다. 그리고 이 멋진 고요함 속엔 특별한 고귀함이 있다."

빌 어거스트 감독의 영화 〈리스본행 야간열차〉에 나오는 멋진 대사입니다. 한 사람의 인생을 바꾸는 결정적인 순간이나 만남은 꼭 드라마틱한 사건과 더불어 오는 것은 아닙니다. 어느 날 갑자기, 전혀 예기치 않았던 지극히 평범한 모습으로 다가올 수도 있습니다. 일상 속에서 일어나는 사소한 인연, 조용한 가운데 벌어지는 우연한 만남, 고요한 중에 느껴지는 은밀한 느낌, 이런 것들이 바로 나만의 운명일 수 있는 겁니다. 천둥 번개가 치듯 요란하고 화려한 것만이 운명이 아닙니다. 매일매일 먹는 삼시세끼가 내 삶을 유지해 주는 생명줄인 것처럼 말입니다. 다만 그냥 스쳐갈 수도 있는 운명을 발견하고 찾아내며 이어가는 것, 그것은 온전히 나의 몫입니다. 누구도 대신해 줄 수 없습니다. 지극히 예민한 사람에게, 운명은 조용히 다가옵니다.

양첸 杨千, Yang Qian

1959년에 태어나 쓰촨미술대학교, 미국플로리다 대학원을 졸업한 그는 동양의 정신적인 면이 드러나는 작업을 통해 호평을 받고 있다. 그래선지 그를 만나면 '신사의 품격'이 떠오른다. 그의 그림은 얼핏 단순한 선이나 얼룩처럼 보이지만 실은 많은 시간과 공력을 들인 콜라주다. 그는 먹, 화선지, 녹차 우려낸 물, 잉크, 연필 같은 재료를 사용해 현대적 변용을 시도한다. 중국 전통 선사상禪思想에 매료된 그의 작품 안에서는 '비움'을 통해 '채움'이 드러나고, '채움'을 통해 '비움'이 드러나는 사유가 반복된다. 그것은 마치 구도자의 행위를 연상시킨다. 관객은 작품을 보면서 그가 인도하는 명상의 세계로 빠져든다. 보이는 것 속에서 보이지 않는 것을 발견하는 기쁨, 이것이 그의 작품이 주는 매력이다. 2005년 서울시립미술관에서 열린 한중 수묵화가 교류전에 중국 대표 작가로 참여했으며, 2010년 중국 후베이 미술관에서 중국 추상현대회화를 대표하는 작가로 선정된 바 있다.

착각

웨민쥔의 재미있는 그림 두 점입니다. 첫 번째 그림 제목이 〈봄 이야기〉네요. 봄이 되면 사람도 자연도 기지개를 켭니다. 모든 것이 생동하죠. 겨우내 움츠렸던 몸을 활짝 펴고 거리로 나오면 신선한 바람이 나를 감쌉니다. 좋은 기분과 더불어 이내 나른해집니다. 점심식사를 막 마친 뒤라면 더욱 그렇겠죠. 눈을 지그시 감고 봄기운을 즐기던 한 남자가 힘껏 코를 후비고 있군요. 얼굴도 크고 코도 크고 손도 큽니다. 본인은 시원하겠지만 보는 사람은 조금 민망합니다. 하지만 아무려면 어떻습니까? 나는 눈을 감은 상태라 아무것도 보이지 않는데요. 남이 나를 어떻게 바라보든 눈만 질끈 감아 버리면 그만입니다. 보이는 게 없으니 아무려면 어떠랴. 착각이죠. 봄날, 거리에는 수많은

웨민쥔, 〈봄 이야기 Spring tale〉

웨민쥔, 〈매장 Entombment〉

인파들로 북적입니다. 큰손으로 버젓이 코를 후비고 있는 이 남성을 쳐다보면서 말이죠.

왼쪽 그림의 제목은 〈매장〉입니다. 매장이란 죽은 사람을 땅속에 묻는 걸 말합니다. 장례식의 마지막 장면이죠. 죽은 사람을 떠나보내는 시간, 슬픔과 엄숙함이 흘러넘칩니다. 여기저기서 흐느끼는 소리도 들립니다. 그런데 그림 속 장면은 전혀 그렇지가 않습니다. 웨민쥔의 대표작에 나오는 다른 사람들처럼 모두가 하얀 이를 드러내고 웃고 있습니다. 양손을 치켜들고 만세를 부르는 남자도 있네요. 심지어 매장당하는 남자도 누워서 웃고 있어요. 팬티만 입고 웃으면서 사람을 매장하는 광경도 희한하지만 곧 땅에 묻힐 남자가 웃고 있는 건 괴기스럽기까지 합니다. 정상적인 상황이 아니죠. 웃으면서 산 사람을 땅에 묻으려는 사람들이나 죽지도 않은 자신이 곧 땅속에 묻힐 판인데도 웃고 있는 사람이나 모두 제 정신이 아닙니다. 착각도 이만한 착각이 없습니다.

작가는 이 그림들을 통해 무슨 말을 하고 싶었던 걸까요? 〈봄 이야기〉는 현대인들의 허위의식을 풍자한 거라고 할 수 있습니다. 남의 시선을 의식하지 않고 자기만 좋으면 그만이라는 이기주의 혹은 남이 보지 않는 곳에서는 못하는 짓이 없으면서도 남들 앞에서는 한없이 고상한 척하는 그런 허위의식 말이죠. 하지만 이 정도는 애교로 봐줄 수도 있지 않을까요? 착각에 빠진 남자가 그리 밉게 보이지 않는 것처럼 말이에요.

그러나 〈매장〉은 좀 심각합니다. 이건 개인의 허위의식을 넘어 집단적인 혼동 또는 아노미Anomie, 구성원의 행위를 규제하는 공통의 가치나 도덕적 규범이 상실된 혼돈 상태에 가깝습니다. 웃어 가면서 다른 사람을 버젓이 파멸로 몰아가고, 아무렇지 않은 듯 멀쩡한 사람을 생매장시키며, 자신들의 이익과 기득권을 위해 정의롭지 않은 일을 눈 한번 깜짝하지 않고 저지르는 것이죠. 사실 욕망에 눈 먼 사람들이 많은 사회일수록 이런 일은 비일비재합니다. 이런 사람들이 많은 사회, 이런 일들이 당연한 듯 만연한 사회는 건강한 사회가 아닙니다. 이를 단순히 착각이라고 하기는 어려워 보입니다.

컬럼비아 대학 신경정신과 교수이자 세계적인 베스트셀러 작가 올리버 색스가 쓴 《아내를 모자로 착각한 남자》라는 작품이 있습니다. 일상생활에 불편을 겪는 경증 환자에서부터 현실과 완전히 격리될 정도로 중증의 정신질환을 겪는 환자들까지의 실제 이야기를 담은 책입니다. 이 책의 섬뜩한 제목처럼 자신의 아내를 모자로 착각할 정도는 아니더라도 사람들은 크고 작은 착각을 반복하며 살아갑니다. 때로는 사소한 착각이나 실수가 삶의 활력소가 되기도 하죠.

남녀 사이에도 착각이 많이 일어납니다. 그 착각이 좋은 결과로 이어진다면 얼마든지 일어나도 괜찮겠지만 대개 나쁜 결과로 이어질 때가 많습니다. 상대방이 나를 좋아하는지 싫어하는지 알 수 없을 때가 있습니다. 저 사람이 내게 호감을 가지고 있는 걸까 아니면 전혀 호감이 없는 걸까 잘 모를 때가 있습니다. 나는 상대방에게 관심이 많고 좋은 감정을 가지고 있지만 상대방의 마음을 알지 못할 경우 나에게 유리한 방향으로 착각에 빠질 수가 있습니다. 아, 정말 안타까운 일이에요. 누군가 대신 내 진심을 전해줄 수만 있다면 얼마나 좋을까요? 현실 속에서는 전혀 불가능한 일이지만 말입니다.

우리는 착각 없이 살아갈 수 없는 존재들입니다. 망각과 착각은 인간의 특징이기도 합니다. 슬픈 생각을 지우고 이제 긍정적으로 한번 생각해 볼까요? 간절히 꿈꾸는 일들이 현실에서는 잘 이루어지지 않지만, 착각의 세계나 상상의 세계 속에서는 곧잘 이루어지기도 합니다. 그렇게 보면 잠시 착각에 빠지는 것도 참 즐거운 일입니다. 어쩌면 우리 인생은 이 착각의 힘으로 그럭저럭 굴러가는지도 모릅니다. 아내를 모자로 착각하는 일처럼 황당한 상상이라도 좋습니다. 통상적인 상식을 뒤집는 일이라도 이런 실수가 가끔은 우리의 사고를 확장시키고 창작에 대한 영감을 줄 수도 있으니까요. 때때로 우리도 아름다운 착각에 한 번쯤 풍덩 빠져 보는 건 어떨까요?

웨민쥔 岳敏君, Yue Minjun

1962년에 태어나 유년기를 베이징에서 보낸 그는 허베이사범대 회화과를 졸업한 뒤 미술 강사로 일했다. 청년 시절 톈안먼 사태를 목격한 이후 현실의 한계를 깊이 인식한 그는 허무와 냉소 그리고 분노와 혐오를 그림으로 표현하기 시작했다. 배반하는 현실을 비웃고, 폭력적인 현실에 눈감는 자아를 표현한 그의 그림을 접한 비평가들은 그를 '냉소적 사실주의자'라고 평했다. 그의 대표작 〈웃음 시리즈〉가 세계적인 주목을 받으면서 2007년 런던 소더비 경매에서 〈처형〉이 590만 달러에 팔려 나갔다. 그의 작품은 대부분 시리즈로 구성되어 있는데 〈웃음 시리즈〉, 〈장면 시리즈〉, 〈미궁 시리즈〉 등이 많이 알려져 있다.

가식과 과장

여성을 오브제로 한 그림을 많이 그린 펑정지에는 〈중국 여인의 초상 시리즈〉 외에도 〈낭만 여행 시리즈〉를 세상에 선보였습니다. 남녀의 결혼사진을 모티브로 삼은 작품입니다. 베이징 시내에 시단西單이라는 곳이 있습니다. 서울로 치면 명동이나 압구정동쯤에 해당되는 쇼핑의 메카입니다. 백화점이 즐비해서 관광객들과 쇼핑객들로 늘 북적이는 장소입니다. 이 시단에 가면 결혼 기념사진을 찍는 스튜디오들이 많이 모여 있습니다. 펑정지에는 촬영감독으로 일하는 친구를 만나기 위해 이곳을 자주 찾았다가 갖가지 포즈로 사진 촬영에 열중하는 청춘남녀를 보면서 재미있는 사실을 발견했습니다.

결혼을 앞둔 신랑신부들이야 일생에 한 번뿐인 막중대사니 만큼 어느 때보다 진지한 자세로 좋은 사진을 만들기 위해 열심이었지만 촬영감독의 지시에 따라 별의별 동작과 표정까지 거리낌 없이 연출하는 것을 보면서 한 편의 연극을 보는 것 같은 느낌이 든 겁니다. 마치 결혼이라는 의식을 위해 잘 짜인 각본에 따라 연기하는 듯 보였죠. 이 흥미진진한 장면을 놓칠 리 없는 평정지에는 자신의 화폭에 결혼사진 촬영 장면을 담기로 결심했습니다. 그렇게 해서 탄생한 것이 바로 〈낭만 여행 시리즈〉입니다.

이 그림에서도 역시 결혼을 준비하는 신랑신부가 등장합니다. 예복으로 한껏 멋을 부린 남자와 여자는 촬영감독이 시키는 대로 다소 새초롬한 표정을 짓고 있습니다. 하지만 얼굴에는 가식이 묻어나고, 몸짓에는 과장이 흘러넘칩니다. 새롭게 출발하는 젊은 부부의 풋풋함이나 신선함은 별로 찾아볼 수가 없습니다. 두 사람의 눈동자 또한 사시에 가깝습니다. 양쪽 눈동자가 서로 다른 방향을 주시하고 있는 게 아니라서 덜 어색하지만 자연스럽지는 않습니다. 저는 이상한 점이 한 가지 더 있습니다. 그게 뭘까요?

네, 신부의 배입니다. 털모자인지 부채인지 알 수 없는 물건으로 자신의 배를 가리고 있지만 신부의 배치고는 너무 불룩합니다. 물론 살이 쪄서 배가 나왔을 수도 있으나 저는 아기를 가진 게 아닐까 의심스럽습니다. 살이 좀 찐 것뿐이라면 구태여 저렇게 가릴 필요는 없겠죠. 신랑이 말합니다. '아기까지 가진 사람이 너무 조신한 척 하는 거 아냐?' 신부가 말합니다. '아기를 가졌든 가지지 않았든 저는 세상에

펑정지에, 〈낭만 여행 Romantic Trip No 27〉

서 가장 아름다운 신부라고요.' 꼭 이런 대화를 주고받는 듯합니다. 저만의 너무 예민한 상상인가요?

펑정지에는 개혁 개방 이후 중국 사회가 빠른 속도로 변화하는 과정에서 가짜와 가식, 과장과 위선이 만연하게 되었다고 진단했습니다. 그것은 비단 눈에 보이는 현상에만 국한된 것이 아니라 사람과 사람 사이의 관계에도 영향을 미쳤죠. 심지어 가족이나 사랑하는 연인 또는 부부 사이에도 은연중에 이런 풍조가 스며들게 되었습니다.

〈낭만 여행 시리즈〉는 이를 안타깝게 여긴 작가의 고뇌가 낳은 그림입니다. 자신의 조국이 처한 현실을 이렇게 밖에 표현할 수 없었던 그의 심정은 누구보다 착잡했을 겁니다.

사랑하는 남녀 사이에 가장 중요한 게 무엇일까요? 많은 것을 잃는다 해도, 수없이 양보한다 해도 결단코 잃어버리거나 양보할 수 없는 한 가지가 있다면 그것이 무엇일까요? 저는 진실이라고 생각합니다. 상대방이 진실하다면, 나를 향한 사랑이 진실이라면, 그 어떤 고난과 어려움도 헤쳐 나갈 수 있습니다. 진실해야 믿음도 생기는 법이고, 그 믿음 위에 켜켜이 사랑이 쌓여 가는 법이며, 그렇게 쌓인 견고한 사랑은 세상 그 무엇도 무너뜨릴 수 없는 법입니다. 세상의 모진 풍파를 다 겪은 노부부도 아니고 이제 막 출발선에 자리한 신랑신부라면 더 확고부동하게 이런 생각을 가지고 있어야 합니다.

상대방의 환심을 사기 위해 뭔가를 속이고, 포장하는 것은 진실과 거리가 있는 것입니다. 나를 더 멋지게 드러내기 위해 가면을 쓰고, 과장을 하는 것 역시 진실과 무관한 일입니다. 결혼은 사랑의 종착점이 아니라 시작점입니다. 진실과 믿음을 가지고 시작해도 만만치 않은 게 결혼생활인데, 출발부터 거짓과 위선으로 덧칠이 되어 있다면 그 결혼생활이 온전할 리 없습니다. 돈, 명예. 집안, 학벌, 직업, 외모…… 이런 걸 너무 따지다가 혹시 상대방의 진심을 읽지 못한다면 사소한 것을 챙기느라 가장 소중한 것을 잃는 과오를 범할 수도 있습니다. 세월이 가면 세상 모든 것은 그 빛을 잃고 소진됩니다. 그러나 진실은 변하지 않습니다. 나를 진실로 사랑해 줄 세상의 단 한 사람, 그 사람이 바로 내 인생의 배필입니다. 문제는 이런 사실을 너무 늦게 깨닫게 된다는 것이죠.

평정지에가 말하고 싶었던 '낭만', 즉 로맨틱은 무엇이었을까요? 아마도 순수하고 진실한 사랑 아니었을까요? 평정지에 식으로 자문자답해 보는 것도 의미가 있을 것 같습니다. 나는 낭만적인 사람인가요? 지금 내 옆에 있는 사람과 나는 낭만 여행 중인가요?

평정지에 俸正杰, Feng Zhengjie

1968년 쓰촨성에서 출생해 쓰촨미술학원 미술교육학과를 거쳐 동 대학원 유화과 석사 과정을 마쳤다. 현대 중국의 한 단면을 보여주는 염속주의 미술을 대표하는 작가로 독특한 화풍과 색채를 통해 중국을 넘어 세계적인 주목을 받았다. 베니스비엔날레를 포함한 많은 대형 전시에 참가했으며, 싱가포르 미술관, 방콕 황후 미술관, 뉴욕 틸톤 갤러리, 도쿄 갤러리 등에서 개인전을 가졌다. 국내에서도 개인전을 시작으로 국립현대미술관과 한가람미술관 등의 주요 기획전에 참여한 바 있다. 평정지에 특유의 색감과 조형어법은 적지 않은 국내 애호가 층을 형성했을 정도로 우리에겐 친숙하다. 현재 베이징과 싱가포르, 제주도 등에서 생활하며 작품 활동을 계속하고 있다.

남자의 멜랑콜리

한 남자가 의자에 앉아 있습니다. 왼손으로 턱을 괸 채 무언가를 뚫어져라 응시하고 있군요. 꽉 다문 입에 매서운 눈매가 인상적입니다. 그나마 다리를 교차한 채 앉아 있는 장면이 다소 긴장을 풀어주는 역할을 합니다. 꽤 심각한 고민이 있거나 아니면 깊은 우울증에 빠진 듯합니다. 이럴 때는 누구라도 쉽사리 말을 건네기 어렵습니다. 침묵이 이어집니다. 제목을 보니 제 짐작이 맞는 것 같습니다. 〈멜랑콜리에 빠진 남자〉 혹은 〈멜랑콜리의 남자〉라는군요. 멜랑콜리, 많이 들어본 말인데 정확한 뜻이 뭘까요?

멜랑콜리Melancholy라는 말은 고대 그리스에서 사용하던 의학 용어로 시간이 지나면서 '우울' 또는 '비애'라는 뜻을 갖게 되었습니다. 지금은 의학 분야보다 주로 문화와 예술 분야에서 '어둡고 우울한 기분'을 나타내는 말로 쓰이고 있습니다. 우울은 인간의 기본적인 감정입니다. 16세기 독일 화가 알브레히트 뒤러에서부터 20세기 미국 화가 에드워드 호퍼에 이르기까지 유명 화가들이 멜랑콜리를 주제로 그림을 그렸고, 17세기 영국의 서사시인인 존 밀턴은 시를 지어 멜랑콜리를 찬미했으며, 16세기 이탈리아의 천재 예술가 미켈란젤로는 메디치의 무덤 중앙에 〈사색에 잠긴 사람〉을 조각하기도 했습니다. 고대 철학자들은 '지식인은 왜 멜랑콜리한가?'를 주제로 삼을 만큼 멜랑콜리와 천재성을 연관시키기도 했고, 수많은 예술가들에게는 창작의 원천이 되기도 했습니다. 미국 소설가이자 예술평론가로 뉴욕 지성계의 여왕이라 불리던 수전 손택은 우울증을 가리켜 '멜랑콜리에서 매력을 뺀 것'이라고 정의했습니다. 이 정도로 멜랑콜리는 단순히 우울 또는 비애라는 말만으로 설명할 수 없는 심오한 의미를 지니고 있습니다.

다시 그림으로 돌아갈까요? 멜랑콜리에 빠진 남자, 왠지 더 외로워 보입니다. 깊은 생각에 잠긴 남자는 무기력하게 보이기도 하고, 움직임이 정지된 것처럼 보이기도 합니다. 현실에 대한 피로감이 쌓인 듯 주변 배경의 색감도 무겁고 탁한 느낌입니다. 홀로 의자에 앉아 있는 남자의 몸에는 거대한 도시 속에서 혼자만 격리된 듯 진한 쓸쓸함이 묻어 있습니다. 그렇지만 결연한 표정에는 그가 스스로 만들어 낸 고독이 더 강하게 배어 있는 것 같습니다. 쩡판즈가 말하고자 한 이 남

쩡판즈, 〈멜랑콜리에 빠진 남자 A Man in Melancholy〉

자의 멜랑콜리는 과연 무엇일까요?

"내가 예술세계에 빠져 스스로 만족하는 것은, 상처받지 않기 위해서입니다."

고독 속에 침잠해 치열하게 자신을 탐구했던 그는 이렇게 말한 바 있습니다. 상처받지 않기 위해 그림을 그린 쩡판즈. 그렇다면 그림 속 남자는 자신일 수도 있겠군요.

때로 우리는 상처받는 것이 두려워 무언가에 몰두하기도 합니다. 외면하려고, 회피하려고 애쓰기도 합니다. 하지만 그런다고 해서 나에게 오려던 상처가 그냥 지나쳐 갈까요? 갑자기 시 한 구절이 떠오릅니다. "사랑하라, 한 번도 상처받지 않은 것처럼." 오스트레일리아의 신부이자 시인이었던 알프레드 디 수자의 시로 알려져 있습니다. 과연 세상에 한 번도 상처받지 않은 사람이 있을까요? 아마 없을 겁니다. 좋은 싫든 혹은 원하든지 원하지 않든지, 크고 작은 상처를 받으며, 상처에 익숙해지며, 상처를 견디며 살아가는 게 인생입니다. 그럴 바에야 좀 더 대담해질 필요가 있지 않을까요? 그냥 사랑하고, 한 발 더 다가가고, 먼저 고백하는 겁니다.

이제, 또 다른 한 남자를 볼까요? 이 남자는 아예 자신의 진짜 얼굴 표정을 자세히 볼 수 없도록 가면을 쓰고 있습니다. 쩡판즈의 유명한 〈가면 시리즈〉 중 하나입니다.

쩡판즈, 〈가면 시리즈 Mask series No 5〉

남자는 본인의 감정 자체를 가면으로 가린 채 드러내지 않고 있지만 약간 기울어진 목의 각도, 늘어뜨린 한쪽 팔, 힘없이 들고 있는 비행기, 비례가 맞지 않는 몸, 주변의 휑한 배경 등에서 깊은 외로움이 전해집니다. 댄디한 분위기의 이 남자는 도시를 떠나 바닷가로 여행을 온 듯합니다. 그가 한 손에 비행기를 잡고 있는 모습은 휴가지에서도 일을 놓지 않는 것을 의미합니다. 불편한 마음을 대변하듯 옷차림도 편안한 여행 복장이 아니지요. 등 뒤로는 떠나간 비행기가 하늘에 포물선을 그려 놓았습니다. 자신을 멀리 데려다 준 비행기는 방금 떠나가고 비로소 휴식 시간을 갖게 되었지만, 완전한 쉼이 아니라 여전히 일과 연결되어 있는 것입니다. 뒤편의 푸르른 바다가 오히려 공허합니다.

남자들은 일 때문에 혹은 일을 떠나서조차 멜랑콜리에 빠지는 경우가 있습니다. 외로움을 타는 남자들은 여럿이 무리지어 있을 때 외로움의 크기가 더 크게 증가한다고 하네요. 참 아이러니한 일이죠? 쩡판즈 그림 속에서는 모두가 웃고 있지만 가면 뒤에 숨겨진 얼굴은 숨이 턱 막힐 것만 같습니다. 본인의 진짜 모습이 아닌 자신이 속한 사회에 어울리는 얼굴을 억지로 만들고 있자니 내면의 갈등이 증폭되는 것처럼 보입니다.

우리는 가끔 어쩔 수 없다면서 부조리한 현실을 그냥 받아들일 때가 있습니다. 가면 속 실제 얼굴은 찡그리거나 심드렁하거나 울고 있으면서도 그렇지 않은 척 웃는 얼굴의 가면을 쓰고 있는 것이죠. 그런데 실제 마음과 달리 웃는 얼굴로 사람들을 대할 때마다 마음 한 쪽에서는 속앓이로 상처가 곪아 가기 마련입니다. 자, 이러면 어떨까요? 가면을 벗어 던지는 겁니다. 사람들 앞에 맨얼굴을 드러내 보세요. 눈물이 나오면 눈물을 흘리세요. 웃음이 나오면 그냥 웃으세요. 자신의 감정에 좀 더 솔직해지는 겁니다. 그러면 속이 후련해질 겁니다. 한 번뿐인 인생, 즐겁고 유쾌하게 살아야 하지 않겠어요? 우울과 비애는 비행기에 실어 다 날려 버리고 말이죠.

쩡판즈 曾梵志, Zeng Fanzhi
1964년 후베이성 우한에서 태어나 후베이 미술대학 유화과를 다니던 그는 표현주의에 심취해 졸업 작품으로 〈병원 시리즈〉를 선보이면서 주목을 받기 시작했다. 이후 광고 회사에 다니며 〈고기 시리즈〉를, 1993년 베이징으로 진출하며 〈가면 시리즈〉를 발표해 센세이션을 일으켰다. 현대인들의 허영, 기만, 고독, 욕망 등을 풍자한 〈가면 시리즈〉 중 〈최후의 만찬〉은 2013년 홍콩 소더비 경매에서 248억 원에 낙찰된 바 있다. 또렷하고 강렬한 눈매, 스타일리시한 패션 감각, 신사다운 매너, 게다가 폭넓은 호기심과 다양한 취미 생활 탓에 그는 고급스럽고 예민한 취향을 가진 예술가로 널리 알려져 있다. 유난히 옷이나 외모에서 소박함을 추구하는 중국인들에게는 매우 독특한 부류인 셈이다. 중국인의 표현을 빌리자면 그는 '화이트컬러' 예술가에 속한다.

시린 마음

바늘이나 못 같은 뾰족한 금속에 찔려 본 적 있나요? 어렸을 때 학교에서 예방 주사를 맞는 날이면 어떻게든 피해 보려 전전긍긍하든가 맞더라도 맨 나중에 맞으려고 뒤쪽에 줄을 서던 기억이 납니다. 그래봐야 어차피 맞을 건데 말이죠. 주삿바늘이 살을 뚫고 들어갈 때의 그 따끔한 느낌은 지금 생각해도 찌릿하고 으스스합니다. 예전에는 체했을 때 죽은 피를 엄지손가락 끝으로 모아 바늘로 살짝 따서 피를 빼내곤 했습니다. 주로 어머니가 자녀들에게 했던 민간요법입니다. 그러면 검정색 피가 나오고 나서 이내 뱃속이 편안해졌어요. 참 희한한 일이죠? 체한 증상은 위에서 소화를 시키지 못하고 체내에 기가 막혔기 때문이라 손가락 끝을 바늘로 찔러 기를 뚫어주면 기의 흐름이 원

활해져 소화가 촉진된다고 합니다. 원리야 그렇다 하더라도 어머니가 엄지손가락 손톱 밑을 바늘로 쿡 찌를 때면 눈을 질끈 감고 이를 악물며 고통을 참아내야 했습니다.

결과적으로 좋은 일이든 나쁜 일이든, 본래 의도한 일이든 우연히 일어난 일이든 바늘이나 못 같은 뾰족한 금속에 몸의 일부가 찔려 피가 난다는 건 결코 유쾌한 일이 아닙니다. 아프기도 할뿐더러 그때 느껴지는 스산한 감각이 언짢고 싫기 때문입니다.

날카로운 것에 찔렸을 때 아프고 상처가 나는 건 비단 우리 몸만이 아닙니다. 마음도 마찬가지입니다. 몸에 난 상처는 시간이 지나면 아물지만 날카로운 말 때문에 생긴 마음의 상처는 더 아프고 오래가는 법입니다. 남녀 사이에서 사랑에 요동치던 시기가 지나고, 서로의 의견이 엇나가기 시작하면 자꾸 오가는 말들이 뾰족해져 다툼이 일어납니다. 뾰족해진 말의 날을 무디게 다스려야 하는데, 감정이 격해지면서 점점 더 날이 잔뜩 선 말들을 주고받습니다. 위기가 찾아온 겁니다. 이럴 때 어떻게 해야 할까요?

그림이면 그림, 영화면 영화, 못하는 게 없는 다재다능한 작가 쥐안치의 작품입니다. 그런데 그림의 느낌이 아주 날카롭습니다. 못 같기도 하고 바늘 같기도 한 날카로운 선들이 위로 솟아 있네요. 찔리면 엄청나게 아프고 피가 철철 날 것만 같습니다. 배경과 선에 아무리 따뜻하고 온화한 색을 입혀 봐도 뾰족한 이미지는 지워지지 않습니

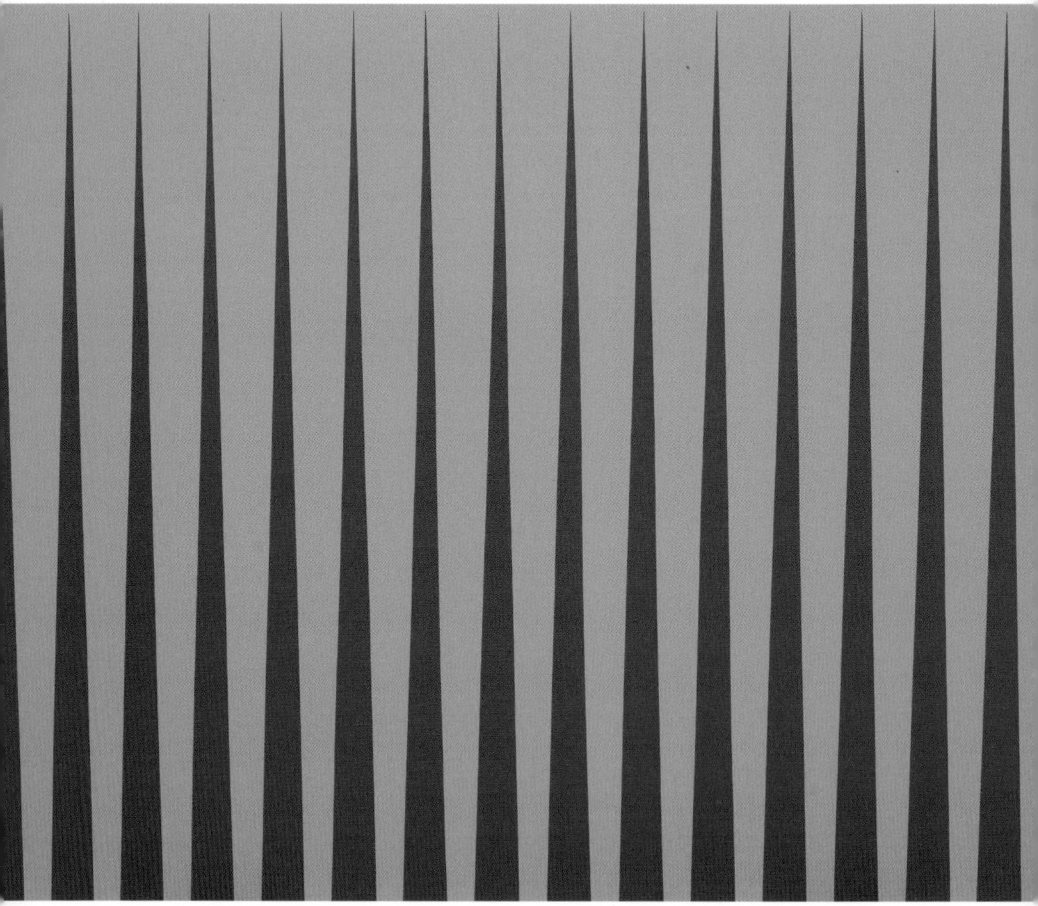

쥐안치, 〈No 17056〉

다. 늘 뭔가에 찔리고 상처를 입으며 살아가는 현대인들의 시린 마음을 표현한 것 같습니다.

날카로운 시각으로 현대 사회를 비판해 온 쥐안치는 매서운 풍자객으로 불립니다. 다큐멘터리와 극영화에서도 그렇지만 그림에서도 특유의 비판 정신과 해학을 잃지 않습니다. 저우춘야, 왕광이, 장샤오강 등 중국의 유명 비평가와 예술가들이 직접 출연해 현대 미술과 그 역사를 되짚어본 화제의 작품 〈실종된 경찰관A Missing Policeman〉은 국내에서 전시되기도 했습니다. 작가는 자신의 예술세계를 통해 현대인들이 갖고 있는 공허함과 아이러니, 거대한 역사 속에 놓인 개개인의 고독에 관해 이야기하고 있습니다.

병원을 찾는 환자들을 보면 사랑하는 사람과 싸워서 상처받아 오는 경우가 있고, 이루어질 수 없는 사랑 때문에 괴로워서 오는 경우가 있습니다. 그런데 심리치료를 하는 입장에서 보자면 사랑하는 사람 때문에 상처를 받고 오시는 분들은 상처를 드러내면서 치유할 수 있지만, 되지 않는 사랑에 대한 미련과 집착 때문에 오시는 분들은 치유가 어려운 경우를 많이 경험합니다. 사랑의 상처가 밖으로 드러나지 않아 다른 사람을 만나기도 힘들고, 사랑하는 사람을 잊지도 못해 다른 생활로 들어가기 힘든 까닭입니다. 왜 이 사람이 그토록 섭섭하고 안타까워하는지를 들여다보면 저마다 사정이 있습니다. 운명에 대한 집착, 부모와의 관계, 어린 시절의 주변 환경, 이성을 보는 나름의 기준, 본인의 학습 수준 등 제각각의 이유로 상대방과 이런저런 연결고리를 만들어 냅니다. 그러면서 상대방은 사랑하지도 않는데 혼자서만 상상을 더해 그걸 사랑이라고 착각하게 되는 거죠.

"인생은 매순간 순간이 괴롭다. 그러나 지나고 보면 다 희극이더라."

전설의 희극배우 찰리 채플린의 말입니다. 의지가 강한 사람도 현실은 매순간 힘들지만 지나고 나면 그 순간조차 아름답게 기억되는 게 인생입니다. '화양연화花樣年華'라는 말이 있습니다. 인생의 가장 아름답고 행복한 시절을 가리킵니다. 그런 시간은 아주 짧습니다. 내게 주어진 매순간을 화양연화가 되게 하려면, 아니 적어도 지나고 나서 그 시절이 화양연화였다고 기억되게 하려면 부단히 노력하고 무던히 애를 써야 합니다. 사랑도 행복도 저절로 주어지는 게 아닙니다. 땀 흘린 만큼 사랑과 행복이 커집니다.

상대방을 향한 나의 날은 어떤가요? 날카롭고 예리하게 서 있나요? 아니면 뭉툭하게 무뎌져 있나요? 내가 듣기 싫은 말은 상대방도 듣기 싫습니다. 내 마음이 시린만큼 상대방도 상처받은 거고요. 먼저 날카로워진 말의 날을 거두어 무디게 만들면서 상대방의 상처를 보듬고 싸매주는 사람이 사랑이라는 이름으로 벌어지는 전쟁의 승리자입니다. 베고 찌른 뒤에 상처를 싸매주는 것보다 애초에 베고 찌르지 않는 게 더 좋겠지요? 그 사람이 더 큰 사랑을 하는 사람입니다.

사랑은 지는 겁니다. 지는 게 이기는 거고요.

쥐안치 雎安奇, Ju Anqi

1975년 신장에서 출생한 그는 1999년 베이징영화학교를 졸업하고, 이듬해 첫 작품 〈베이징에는 강한 바람이 분다〉 를 제50회 베를린국제영화제에 출품하면서 주목을 끌었다. 행인들에게 질문을 던지고 대화하는 형식의 다큐멘터리 영화로, 밀레니엄을 앞둔 베이징의 일상과 중국의 현실을 시민들의 반응을 통해 과감히 포착했다는 평을 받았다. 미술에도 천재성을 발휘해 상하이 PSA미술관, 베이징 울렌스현대미술센터에서 개인전을 가졌고, 뉴욕 현대미술관, 구겐하임미술관, 파리 퐁피두센터 등에 작품이 전시되면서 국제 미술계가 눈여겨보는 작가로 부상했다. 그의 영화 〈변방의 시인〉 은 2015년 전주국제영화제에서 국제경쟁부문 대상을 수상한 바 있다. 영화, 사진, 그림, 미디어아트 등 다양한 분야에서 활동하고 있는 쥐안치는 단일한 매개체를 통한 창작이 아니라 여러 가지 매개체를 통해 창작을 진행하는 전방위적 스펙트럼을 가지고 있는 작가다.

바람

옛날 중국의 어느 집에서는 남편이 멀리 장사를 하러 떠날 때면 꼭 초록색 모자를 씌워 보내는 아내가 있었습니다. 알고 보니 이는 남편이 쓴 초록색 모자를 보고 자신의 정부情夫가 몰래 집에 들어올 수 있도록 신호를 보내는 것이었답니다. 이 이야기 때문에 중국에서는 여자가 초록색 모자를 쓰고 다니면 '저 애인이 있어요.'라는 뜻이고, 남자가 초록색 목자를 쓰고 다니면 '내 부인이 바람이 났어요.'라는 의미라고 합니다.

독특한 그림이 있네요. 앞발을 든 채 꼿꼿이 서 있는 초록색 개가 마치 옛날이야기 속의 초록색 모자를 떠올리게 합니다. 아내는 불륜 관계인 애인과 밀회를 즐기기 위해 초록색 개를 문 앞에 세워 집을 지키게 한 것도 같습니다. 그림 속 남녀는 세상에 오직 두 사람밖에 없는 듯 즐거운 표정입니다. 1969년에 발표된 김춘수 시인의 시 '샤갈의 마을에 내리는 눈'에는 봄이 오는 3월에 뜻밖에 눈이 내린다고 하는데, 이들이 사는 마을에는 아내의 바람으로 뜻밖의 불행이 찾아온 듯 주변이 온통 어두운 흑백입니다. 커다란 초록색 개는 누구를 위해, 어떤 사랑을 지키기 위해 저렇게 서 있는 걸까요?

2008년 5월 12일 청두에서 북서쪽으로 약 90킬로미터 떨어진 쓰촨성四川省 원촨현에서는 리히터 규모 8.0의 대지진이 발생해 사망자 약 69,000명, 부상자 약 374,000명에 달하는 엄청난 피해가 발생했습니다. 쓰촨 대지진을 목격한 저우춘야는 우리 주변에는 항상 사랑이 필요하다는 사실을 절실히 깨달았습니다. 이후 그는 사랑과 희망의 의미를 사람들에게 일깨우기 위해 돌과 개와 복숭아꽃을 작품의 모티브로 활용했습니다.

"예술의 변화 속도가 중국에서 고층 건물이 들어서는 속도와 맞먹습니다. 중국은 최근 5년 사이에 서구 미술계가 100년간 이뤄낸 것을 따라잡았다고 봅니다."

중국 현대 미술에 대한 그의 자부심은 대단합니다. 그는 열두 살 때 문화혁명을 겪었습니다. 그래서 마오쩌둥이라는 주춧돌 위에 새

저우춘야, 〈달빛 아래 연인들 Lovers under the Moon〉

겨진 중국 공산당의 집단주의와 전체주의를 꼬집는 사회 풍자에 주력해 왔습니다. 아버지의 갑작스런 죽음과 부재는 아들에게 상당한 심리적 부담과 충격으로 다가오는 경우가 많습니다. 저우춘야 역시 아버지의 부재로 인해 생긴 마음의 공백을 헤이건 개로 대신했던 것 같습니다. 어느 날 개를 자신의 그림에 등장시켰습니다. 그러다 개가 점점 더 강해져서 자신을 지켜주는 존재로까지 변해 버렸습니다. 두 남녀와 함께 서 있는 초록색 개, 이빨을 드러낸 채 무섭게 노려보고 있는 이 개는 작가를 정신적으로 위로하면서 충실하게 지켜주는 수호신입니다.

세상에는 영원히 식을 것 같지 않던 사랑이 하루아침에 변하기도 합니다. 미술치료를 하다 보면 배우자에 대한 불신으로 고통을 호소하는 경우가 있습니다. 불신은 여러 가지 이유로 생겨날 수 있지만 가장 큰 건 역시 외도입니다. 다른 이성과 바람을 피우는 것이죠. 당장 헤어지고 싶은 마음을 하소연하기 위해 저를 찾기도 하지만 용서하고 화해하고 싶으나 방법을 몰라서 도움을 요청하기도 합니다. 이런 경우 문제를 제대로 해결하기만 하면 비 온 뒤에 땅이 굳듯, 둘 사이가 훨씬 긍정적으로 발전할 수도 있습니다. 왜 상대방을 믿지 못하게 되었는지, 어떤 태도가 의심을 불러일으키는지, 어떻게 하면 서로를 좀 더 잘 이해할 수 있는지 말로 할 수 없는 내용을 그림으로 표현해 보거나, 그림 속 인물들을 보면서 상대방은 어떤 마음일지 함께 이야기해 보는 것도 좋은 방법이 됩니다. 헤어지지도 못하면서 용서하지도 못한다면 끝내 쇼윈도 부부로 살아갈 수밖에 없습니다. 세상에 이보다 더 불행한 부부생활이 어디 있겠습니까?

어떤 사람은 이 모호하고 불확실한 세상에서 변하지 않는 것은 오직 사랑뿐이라고 말합니다. 반면 어떤 사람은 열렬한 사랑도 시간이 가고 상황이 바뀜에 따라 당연히 변하는 거라고 말합니다. 누구 말이 맞는 걸까요? 아니 당신은 누구 말을 믿고 싶으신가요?

저우춘야 周春芽, Zhou Chunya

1955년 쓰촨성 충칭에서 태어나 쓰촨미술학원을 졸업한 뒤 현금 100달러와 라면 한 박스만 달랑 가지고 혈혈단신 독일로 유학을 떠났다. 카셀에서 공부하며 백남준의 비디오 작품을 처음 보고 큰 충격을 받았다. 1989년 유학을 마치고 돌아온 그는 대만 아트회사와 함께 돌과 인체에 관한 작업을 시작했다. 이때 선보인 작품이 〈돌 시리즈〉 다. 독일에서 배운 신표현주의 기법을 중국식으로 재창조한 것이다. 그 뒤 1994년 지인에게 선물 받은 독일산 개 헤이건을 작품에 등장시키면서 〈초록 개 시리즈〉 를 창조해 냈다. 2006년부터는 냉소적 사실주의로 일관하는 왕광이, 웨민쥔, 팡리쥔 등의 작가들 작품경향과는 다르게 물질주의가 급속하게 번지는 중국에서 뿌리 없이 흔들리는 개인의 사랑과 희망을 드러내기 시작했다. 50대 이후 도화에 심취해 야외정사를 벌이는 남녀를 화폭에 담는 파격을 시도하기도 했다. 현재 청두와 상하이에서 왕성한 작품 활동을 하고 있다.

다툼과 화해

동서고금을 통틀어 황금은 부와 권력의 상징이자 척도로 여겨졌습니다. 어느 시대 어느 나라건 예외가 없습니다. 부자들은 더 많은 황금을 소유하고자 했으며, 권력자들은 자신이 머무는 공간을 황금으로 치장하길 원했습니다. 황금을 가질 수 없었던 가난한 백성들은 무엇이든 황금 색깔이 들어간 물건을 선호했습니다. 심지어는 꿈에서라도 황금이 들어간 동물이나 물건을 보게 되면 복이 굴러들어올 길몽이라며 좋아했습니다.

2019년은 황금돼지의 해라고 합니다. 예로부터 중국과 우리나라의 역법은 10간干 12지支를 따라 60갑자甲子로 해에 붙이는 명칭을 결정했습니다. 이에 따라 2019년은 기해년己亥年이 되는데, 기라는 토土에

해당해 누런 황금을 뜻하고, 해亥는 돼지를 가리키므로 황금돼지의 해가 되는 겁니다. 이 해에 태어난 아이들은 부자가 될 운명이라면서 서둘러 아이를 낳는 가정도 많다고 합니다. 어느 해보다 출산율이 올라갈 만큼 사람들은 정말 황금을 좋아합니다. 60갑자에 의하면 황금개띠나 황금소띠, 황금닭띠가 있음에도 불구하고 우리나라 사람들은 유독 황금돼지를 좋아합니다. 다른 어떤 동물보다 돼지가 더 부와 복을 상징한다고 여기는 까닭입니다. 반면 서양 사람들은 돼지를 탐욕과 타락의 상징으로 여깁니다. 절대로 돼지고기를 먹지 않는 종교도 있습니다.

고대 이집트에서는 황금으로 만든 수소가 힘과 풍요를 가져다주는 신으로 여겨졌습니다. 이들은 황금 수소 형상을 만들어 숭배했습니다. 성경에도 이에 관한 이야기가 나옵니다. 오랜 노예 생활 끝에 모세의 인도로 이집트를 탈출한 히브리 민족은 기적적으로 홍해를 건너 거친 광야로 접어듭니다. 이 무렵 모세가 시내산에 올라 하나님으로부터 십계명을 받습니다. 이때 산 아래에 머물던 히브리인들은 모세가 보이지 않자 불안에 떨면서 자신들이 이집트에서 섬겼던 황금 형상을 만들어 숭배합니다. 이 일로 히브리인들은 하나님의 무서운 징벌을 받게 됩니다. 이후 기독교 문명권에서 금송아지는 신에 대한 배신과 범죄, 저주와 퇴폐의 상징으로 여겨지게 되었습니다.

첸웬링의 작품을 보면 황금으로 만든 소 한 마리가 자유의 여신상을 세차게 들이받고 있습니다. 얼마나 세게 들이받았는지 고개가 젖혀지고 옆구리가 휘어졌습니다. 진짜 사람이라면 최소한 중상을 입었을 것 같습니다. 뭐가 그토록 소를 화나게 만든 걸까요?

1886년 프랑스가 미국 독립 100주년을 기념해 선물한 자유의 여신상은 뉴욕의 관문인 허드슨강 입구 리버티섬에 세워져 있습니다. 무게 225톤, 횃불까지의 높이 46미터, 대좌 높이 47.5미터에 달하는 어마어마한 규모입니다. 머리에는 일곱 개 대륙을 상징하는 뿔이 달린 왕관을 쓰고 있고, 오른손에는 '세계를 비추는 자유의 빛'을 상징하는 횃불을 들고 있으며, 왼손에는 '1776년 7월 4일'이라는 날짜가 새겨진 독립선언서를 들고 있습니다. 미국의 독립을 기념해 만들어졌다는 점에서 이 조각상은 자유와 민주주의, 인권과 기회 등을 상징합니다. 1984년에 유네스코 세계유산으로 지정되었습니다.

자유와 민주주의의 상징인 여신상을 거침없이 들이받는 힘과 풍요의 상징인 황금 소. 마치 중국과 미국의 한판 대결을 보는 듯합니다. 살얼음판을 걷는 것처럼 위태로워 보이는 현재 양국 관계의 축소판 같기도 하고요. 중국인들 입장에서는 통쾌할 만하지만 미국인들 입장에서는 화가 날 겁니다. 이 작품을 정치적으로 해석하자면 사회주의와 민주주의의 대결, 독재와 자유의 대결, 비기독교 문명권과 기독교 문명권의 대결 등으로 다양하게 대입시켜 볼 수 있습니다. 그럴수록 긴장과 갈등은 커져만 가겠죠. 이때 완충지대가 등장합니다. 가만 보면 세찬 기세로 돌진하는 황금 소와 휘청거리는 자유의 여신상은

첸웬링, 〈자유의 여신상과 황금 소 Statue of Liberty and Golden Bull〉

거대한 구름 위에 떠 있습니다. 이 구도와 상징이 구름이라는 허공, 즉 현실 세계가 아닌 가상 세계에 떠 있다는 겁니다. 관객들은 만화를 보듯 웃고 지나가는 거죠.

남녀 관계에서도 이런 일이 벌어질 수 있습니다. 앞뒤 가리지 않고 상대방을 향해 과격하게 공격하는 것이죠. 아무리 사랑하는 사이라 해도 부딪힐 일이 생기기 마련입니다. 어느 한쪽이 격정적인 감정에 사로잡히게 되면 이성적인 대화가 불가능해지고, 시시비비를 따지는 일이 무의미하게 됩니다. 이럴 때는 그저 조용히 상대방의 말을 들어주고, 가만히 안아주는 것만으로 족합니다. 그런 다음 충분한 시간이 지나면 상대방이 다시 제자리로 돌아와 당신 말이 옳았다고 인정할 수도 있습니다. 그러면 그때 당신이 원하던 걸 말하거나 하자고 하면 됩니다. 물론 쉽지 않은 일일 수 있습니다. 하지만 자꾸 논리적으로 반박만 하다가는 돌이킬 수 없는 결과가 초래될 우려가 있습니다. 당장은 이해가 가지 않더라도 상대의 말을 끝까지 들어주려 노력하는 것이 중요합니다.

부부 사이에 발생하는 폭력도 문제지만 연인 사이에 일어나는 데이트 폭력도 심각한 문제입니다. 남녀 사이의 좋은 감정은 서로에 대한 관심에서 출발합니다. 그런데 상대방에 대한 관심과 더 잘해주고 싶은 마음, 더 많은 관심을 받고 싶어 하는 마음이 지나치다 보면 단순한 질투를 넘어 병적인 집착으로까지 이어지는 경우가 있습니다. 사랑한다는 구실로 상대방을 소유하려 하고 구속하고자 한다면 이는 좋은 감정이라고 보기 어렵습니다. 데이트 폭력이란 친밀한 관계에 있는 연인, 친구 등이 상호 합의 없이 일방적으로 행하는 신체나 정서, 성적 폭력을 말합니다. 싫다는 말을 거절로 받아들이지 못하고, 상대방 동의 없이 일방적인 사랑을 강요하는 것은 모두 폭력입니다. 만약 연인 사이에 어떤 폭력이 벌어졌다면 폭력을 행사한 상대가 아무리 빌면서 용서와 화해를 요청해도 쉽게 설득 당해서는 안 됩니다. 단 한 번의 폭력이라도 그냥 지나치는 모습을 보여선 안 된다는 말입니다. 어떤 이유로도 폭력은 납득될 수 없고, 용서할 수 없다는 단호한 태도를 보여야 합니다. 언어든, 신체든, 정서든 폭력이 발생할 경우 관계는 더 이상 지속될 수 없음을 분명하게 표현해야 합니다. 작은 폭력을 무심코 넘기거나 받아주면 이후 폭력의 양상이 점점 더 커지면서 급기야 건잡을 수 없는 불행한 사태로까지 비약할 수 있음을 항상 명심해야 합니다.

의견 차이가 있을 수 있습니다. 부딪힐 일이 생길 수 있습니다. 다툼이 벌어질 수 있습니다. 더 나가지 말고 거기서 멈춰야 합니다. 첸웬링의 작품처럼 막무가내로 돌진해서 들이받으면 안 됩니다. 폭력으로까지 비화된다면 두 사람의 관계는 끝장나고 맙니다. 회복이 불가능합니다. 그래서 싸우더라도 잘 화해하는 방법을 배우는 것이 중요합니다. 마음속에 담아둔 불만을 솔직하게 표현하는 것은 꼭 필요한 일이지만, 일정한 선을 넘지 않도록 잘 조절해야 합니다. 한 번 내뱉은 말은 다시 거둬들일 수 없고, 한 번 엎지른 물은 다시 그릇에 담을 수 없습니다.

첸웬링 陳文令, Chen Wenling

1969년 푸지엔성에서 태어난 첸웬링은 샤먼 구랑위미술대학과 중앙미술학원 조각과에서 공부했다. 〈홍색 기억〉 시리즈를 시작으로 사실적이면서도 상상력 넘치는 작품들로 많은 주목을 받았다. 중국의 오랜 역사와 문화적 전통에서 소재를 끌어오는 작가로 그의 작품에 등장하는 돼지, 소, 물고기는 물론, 매화나 산수 같은 소재들은 중국 고전이나 전통 회화에서 흔히 볼 수 있는 것들이다. 그의 조각 작품에 나오는 인물들의 표정은 이상한 방식으로 일그러져 있으며, 그래서인지 때로는 희극적이기도 하다. 싱가포르, 미국, 유럽, 한국 등에 있는 다수의 화랑에서 개인전을 가졌으며, 베니스비엔날레, 부산비엔날레, 상하이비엔날레, 아트바젤마이아미 등 국제적인 전시에도 수차례 참가한 바 있다.

비 오는 날의 추억

중국 당나라 시인 두보의 시에 나오는 '춘야희우春夜喜雨'의 첫 구절 '호우지시절好雨知時節'은, '좋은 비는 내릴 때를 알고 있어 봄에 만물을 소생케 한다.'는 의미입니다. 허진호 감독의 영화 〈호우시절〉2009은 이 시에서 제목을 따온 것인데, 한국 남자와 중국 여자의 풋풋한 사랑 이야기를 담고 있습니다. 중국 출장을 떠난 박동하정우성 분는 첫날, 우연히 관광 가이드를 하고 있는 미국 유학 시절 친구 메이고원원 분와 재회합니다. 두 사람은 이내 예전의 추억 속으로 빠져듭니다. 그런데 박동하는 둘이 키스를 했었고, 자전거 타는 법도 가르쳐 주었다고 기억하는 반면, 메이는 키스는커녕 자기는 자전거 탈 줄도 모른다고 말합니다. 누구 기억이 맞는 걸까요? 아무튼 두 사람은 점점 가까워지지만 박동하는 돌아갈 시간이 다가옵니다. 결국 박동하는 귀국을 하루 늦춥니다. 그리고 하루 동안 데이트를 즐기죠. 첫 데이트, 첫 키스, 첫사랑의 달콤함…….

"동하, 꽃이 펴서 봄이 오는 걸까, 봄이 오니 꽃이 피는 걸까?"

메이는 동하에게 이런 질문을 던집니다. 따지고 보면 하나마나한 질문이기도 하죠. 사랑에 빠진 사람에게는 모든 것이 자신의 행복을 위해 벌어진 일인 것 같습니다. 비가 오는 것도, 눈이 내리는 것도, 해가 뜨는 것도, 노을이 지는 것도 전부 자기의 사랑을 축복하는 징조로 받아들입니다. 하지만 고독이나 절망에 빠진 사람 혹은 방금 쓰라린 이별을 맛본 사람에게 이 모든 것은 자신의 아픔을 있게 한 원인이거나 고통을 배가시키는 장치일 뿐입니다. 비가 오는 것도, 눈이 내리는 것도, 해가 뜨는 것도, 노을이 지는 것도 전부 내 처지를 더 참담하게 만드는 징조로 받아들입니다. 도리가 없습니다.

비는 감성을 자극합니다. 비 오는 날은 차분하게 우리의 마음을 다독이게 됩니다. 동적이기 보다는 정적으로 조용히 자신을 돌아보는 시간을 갖고 싶습니다. 왠지 그립고 보고 싶은 사람들을 만나야 할 것 같습니다. 비는 상대방에게 내 마음을 살며시 전달해줍니다. 한 우산 속에서 두 사람이 손을 맞잡고 즐기는 데이트는 꽤 낭만적입니다. 비 오는 날 창밖을 바라보며 커피 한 잔을 사이에 두고 나누는 대

쑹용훙, 〈자정 Midnight〉

화는 훨씬 정겹습니다.

이 그림을 보니 비 오는 날 중국에서 있었던 추억 하나가 떠오릅니다. 2017년 여름 베이징에 폭우가 쏟아지던 어느 날입니다. 저는 오전에 거리를 다니다가 점심때 출판사 사람들과 만나기로 되어 있었습니다. 워낙 비 내리는 거리를 좋아해서 우비를 입고 시내를 이리저리 거닐었습니다. 모처럼 시원스레 내리는 비는 어린 시절에 했던 물놀이의 즐거움을 생각나게 해주었습니다. 저는 홀로 길에서 추억 여행을 하고 있었습니다.

그런데 점점 사람들이 보이지 않았습니다. 인파로 북적이던 거리에는 저를 포함해서 외국인 몇 명만 남아 있었습니다. 나중에서야 방송을 들으니 그날 베이징에는 25년 만에 많은 폭우가 내렸다고 합니다. 저는 출판사 사람들을 만나기 위해 그 빗속을 뚫고 약속 장소로 걸어갔습니다. 입고 온 우비는 다 찢어지고, 우산도 바람에 살과 대가 부러져 앙상한 몰골이었습니다. 겨우 약속 장소에 도착해 보니 모인 사람 모두 비 맞은 생쥐 꼴이었습니다. 서로 잘 보여야 하는 첫 만남이었음에도 우리는 살아서 만났다는 안도감에 진한 동지애까지 느낄 수 있었습니다. 이후 우리는 비가 맺어준 인연이라 여기며 좋은 시간을 보냈습니다. 사람 사이의 정성은 이렇듯 감동을 주는 것 같습니다.

다음날 병원에 가서 다른 사람들에게 이 이야기를 들려주었더니 큰

일 날 뻔했다며 다들 정색을 했습니다. 그날 하루 홀에 빠져 죽는 사람, 비에 휩쓸려가서 죽은 사람 등 베이징에서만 100명가량이 죽었다는 것이었습니다. 저는 그 뒤로 비가 많이 내리는 날이면 빨리 집에 들어와 쉬곤 했습니다. 과연 대륙은 비가 한 번 내리면 양이 장난이 아니었습니다. 때에 맞춰 적당히 내리는 비는 사랑을 이어주는 메신저 역할을 하지만 시도 때도 없이 지나치게 내리는 비는 위험을 몰고 오는 재앙입니다. 어둠이 짙은 한밤중 도심 속에서 짧은 치마를 입고 우산을 든 채 총총히 걸어가는 그림 속 여인을 보니 그날의 기억이 떠오릅니다. 비 오는 날, 당신은 어떤 추억이 가장 먼저 떠오르시나요?

쑹용홍 宋永紅, Song Yonghong

1966년에 출생한 그는 중학교 때부터 그림을 그리기 시작했으며, 유명 예술가인 형 쑹용핑의 영향을 받아 화가의 길을 걷게 되었다. 중국미술학원 재학 시절 이미 두각을 나타낸 그의 초기 유화 작업은 성性을 주제로 한 파격적인 작품들이었다. 사회적인 불안감을 표현하면서 사회의 모순들을 끄집어 낸 그만의 특별한 작업이었다. 이후 그는 취해 있는 외로운 영혼을 묘사한 〈목욕 시리즈〉로 유명해졌다. 그러면서 그는 평범한 일상의 풍경들이 관객들로 하여금 새로운 낯선 풍경으로 느껴지게 하는 그림에 주목했다. 그의 그림 속에는 부조리하고 황당하며 터무니없는 것들이 담겨 있지만 한편으로는 유쾌함과 친근함이 요소요소에 배어 있다. 그의 예술적 지평은 유화에서 판화와 수채화로 넓어지고 있으며, 관심 또한 중국 사회에서 벗어나 더 큰 관점, 즉 국제적인 변화로 옮겨 가고 있는 중이다.

세 번의 삶, 단 하나의 사랑

'삼생삼세 십리도화三生三世 十里桃花'는 '세 번의 삶 동안 복숭아꽃이 십리 가득 흐드러지게 피었다.'는 뜻입니다. 2009년 당칠공자라는 필명을 가진 작가가 펴낸 소설의 제목입니다. 작가는 여자라는 사실 외에 알려진 게 거의 없을 정도로 베일에 싸여 있습니다. 이 책은 지금까지 무려 110만 부 이상 판매된 밀리언셀러입니다. 백천과 야화의 세 번에 걸친 생애 동안 얽히고설키며 이어지는 신과 인간의 사랑 이야기입니다. 세 번의 생을 다 바쳐 오직 한 사람만을 사랑한다는 이 러브 스토리는 수많은 중국인들을 감동의 도가니로 몰아넣었습니다. 이후 소설은 만화와 게임으로까지 만들어졌고, 이후 텔레비전 드라마에 이어 영화로도 제작되었습니다. 그해 최고의 화제작이었던 드라마는 인터넷 동영상 조회 수가 400억 뷰를 넘어서기도 했습니다. 우리나라에도 잘 알려진 유역비와 양양이 주연을 맡은 영화는 국내에도 개봉이 되었습니다. 아름다운 사랑 이야기는 시대와 국경을 초월해 모든 사람들에게 감동을 선사하는 것 같습니다.

저우춘야는 누구 못지않게 복숭아꽃과 사랑 이야기를 좋아하는 화가입니다. 그의 그림 중에는 복숭아꽃이 만개한 들판에서 사랑을 나누는 남녀를 소재로 한 작품이 많습니다. 그의 작품을 감상하고 있으면 흐드러지게 피어난 복사꽃들이 사방 십리에 걸쳐 바다처럼 광활하게 펼쳐져 있는 황홀한 풍경이 떠오릅니다. 그런 절경을 함께 거니는 연인이라면 누구라도 사랑에 빠지지 않을 수 없을 겁니다. 두 그림 역시 복숭아꽃과 사랑 이야기를 다루고 있습니다. 앞의 그림은 복숭아꽃 아래서 진한 애정행각을 벌이고 있는 남녀이고, 뒤의 그림은 복숭아꽃을 배경으로 포즈를 취하고 있는 두 젊은 여성입니다. 친구인 듯 보이네요. 하나는 사랑과 열정, 하나는 우정과 추억이 떠오릅니다. 똑같이 복숭아꽃을 배경으로 한 작품임에도 불구하고 느낌이나 정서는 이처럼 판이하게 다르군요.

화가에게 있어 그림 속 세상은 자신이 겪은 경험의 일부이거나 겪지 못한 경험에 대한 막연한 동경일 수 있습니다. 가정에서 상처를 입고 고향을 떠나 유학 생활을 했던 저우춘야는 많이 외로웠을 겁니

저우춘야, 〈복숭아꽃 시리즈 2006 Peach Blossoms Series 2006〉

다. 그러면서 한편으로는 타향에서 좋은 스승과 친구들을 만나 위로를 받기도 했을 거고요. 그는 <복숭아꽃 시리즈>를 그리며 자신이 꿈꾸는 새로운 사랑의 감정을 표현하기도 했지만 그림을 통해 마음 속 깊은 곳에 자리하고 있던 공허함과 외로움을 다 잊어버릴 수도 있었을 거예요. 이제 봄이 되면 저우춘야의 복숭아꽃이 생각날지도 모르겠습니다. 그만큼 그의 삶과 그림이 강렬하게 느껴지기 때문이죠.

저우춘야, 〈자매 꽃 Sister Flower〉

우리나라 사람들에게 복숭아꽃은 어떤 의미일까요? 복숭아꽃은 우리 조상들이 가장 좋아하던 꽃 중의 하나였습니다. 옛날에는 봄이 되면 진달래꽃, 개나리꽃과 더불어 복숭아꽃, 살구꽃이 지천에 피어났습니다. 특히 유실수였던 복숭아와 살구는 집 주위에 많이 심었기 때문에 봄마다 온 마을에 복숭아꽃과 살구꽃이 파도처럼 넘실거렸습니다.

중국인들에게도 복숭아는 특별한 과일입니다. 복숭아의 원산지는 중국 황하 유역의 상류지대로 알려져 있습니다. 중국에서 가장 오랜 역사를 지닌 과일이죠. 중국의 농업과 기원을 같이 할 정도입니다. 또한 중국인들은 복숭아를 단순한 과일의 차원을 넘어 영적이면서 성적인 이미지를 가진 신비스러운 대상으로 여겼습니다. 천상의 과일이라고 생각한 거죠. 이런 연장선상에서 저우춘야 역시 복숭아꽃을 통해 열정적인 삶과 성적인 에너지를 과감하게 표현한 겁니다. 복숭아꽃은 겉은 벚꽃이나 사과 꽃처럼 흰빛을 띠지만 속은 분홍빛이 가득하고 향도 그윽합니다. 분홍은 행복과 사랑을 나타내는 색입니다. 꽃의 열매인 복숭아 또한 물기가 많고 달콤하며 부드러운 육질을 가지고 있지요.

중국 서부 내륙에 있는 쓰촨성은 제가 자주 방문했던 지역입니다. 그곳 청두시에 중국 최고 의료기관 중 하나인 화시병원이 들어와 있는데, 심리치료 자문을 위해 그 병원을 자주 왕래해야 했기 때문이죠. 쓰촨은 전통과 현대가 잘 조화를 이루고 있는 곳으로 겨울에도 온화한 날씨에 풍광이 더없이 아름다운 지방입니다. 다양한 맛, 넓은 범위의 맛, 두터운 맛, 농염한 맛, 그리고 매운 맛으로 널리 알려진 쓰촨식 요리, 즉 사천요리는 중국에서도 유명합니다. 그래서인지 미인이 많다고 알려져 있습니다. 중국은 워낙 영토가 넓어 어느 지역 출신이냐에 따라 기질과 외모와 성품에서 차이가 많이 납니다. 여러 곳을 다니다 보니 이를 자연스럽게 느낄 수 있었습니다. 만약 제가 더 나이 들어 중국에 머물게 된다면 쓰촨에 살고 싶다고 말했을 정도로 마음에 드는 고장입니다.

저우춘야도 쓰촨성 출신입니다. 사람들은 그를 중국의 피카소라고 부릅니다. 그의 그림은 몇 번의 변화를 겪었습니다. 화가들이 자신의 그림에 변화를 주고 싶어도 대중들의 시선을 무시할 수 없어 주저하거나 머뭇거리는 경우가 많습니다. 그런데 그는 자신의 화풍을 새롭게 바꿀 때마다 오히려 대중들의 환호를 받으며 성공을 거두었습니다. 그의 그림에 대한 대중들의 인기는 지금도 떨어질 줄을 모릅니다. 아울러 그는 소수 민족인 장족壯族들의 삶도 그렸는데, 그들의 모습에서 건강하고 소박한 삶을 보았던 것 같습니다. 그의 작품을 보면 삶과 사랑과 인생에 대한 그의 솔직한 마음을 알 수 있습니다. 대중들 역시 설명하지 않아도 그의 그림 속에서 이를 잘 읽어내는 것 같습니다.

저우춘야 周春芽, Zhou Chunya

1955년 쓰촨성 충칭에서 태어나 쓰촨미술학원을 졸업한 뒤 현금 100달러와 라면 한 박스만 달랑 가지고 혈혈단신 독일로 유학을 떠났다. 카셀에서 공부하며 백남준의 비디오 작품을 처음 보고 큰 충격을 받았다. 1989년 유학을 마치고 돌아온 그는 대만 아트회사와 함께 돌과 인체에 관한 작업을 시작했다. 이때 선보인 작품이 〈돌 시리즈〉다. 독일에서 배운 신표현주의 기법을 중국식으로 재창조한 것이다. 그 뒤 1994년 지인에게 선물 받은 독일산 개 헤이건을 작품에 등장시키면서 〈초록 개 시리즈〉를 창조해 냈다. 2006년부터는 물질주의가 급속하게 번지는 중국에서 뿌리 없이 흔들리는 개인의 사랑과 희망을 드러내기 시작했다. 50대 이후 도화에 심취해 야외정사를 벌이는 남녀를 화폭에 담는 파격을 시도하기도 했다. 현재 청두, 상하이에서 왕성한 작품 활동을 하고 있다.

중년의 봄날

중국의 현대 화가들은 문화혁명과 톈안먼 사태 이후 아방가르드 운동, 정치적 팝, 냉소적 사실주의, 그리고 다원주의에 이르는 과정을 경험하면서 나름대로 각자의 예술을 발전시켜 나갑니다. 이들의 작품에는 중국의 시대 상황과 그 시대를 온몸으로 겪은 이들의 고뇌와 격정 그리고 슬픔 등이 고스란히 담겨 있습니다. 중국 미술의 차세대 대표 주자로 꼽히는 류웨이 역시 자신의 작품 속에 작가로서 체험한 독특한 감수성을 담아냈습니다. 대표작이라 할 수 있는 〈혁명 가족 시리즈〉는 군복을 입은 가족을 통해 사회주의 체제에 대한 풍자와 냉소를 실험적이면서도 은유적으로 표현한 그림입니다.

이 그림의 등장인물은 평범한 한 중년 부부입니다. 마치 사진을 찍는 것처럼 깔끔한 정장 차림에 활짝 웃으면서 카메라를 응시하고 있습니다. 왼쪽에는 화분에 담긴 분홍색 장미꽃도 보이네요. 뭔가를 기념하기 위한 것 같습니다. 혹시 두 사람의 결혼기념일이거나 어느 한 사람의 생일인지도 모르겠습니다. 자세히 보니 오누이마냥 얼굴도 닮았군요. 부부가 오랫동안 함께 살다 보면 생각이나 행동은 물론 얼굴까지도 닮는다고 하죠? 꼭 그렇게 보입니다. 활활 타오르는 청춘의 뜨거운 사랑도 보기 좋지만 이렇듯 오랜 세월을 묵묵히 같이 해 온 중년의 은근한 사랑도 참 보기 좋고 부럽게 느껴집니다.

중년의 사랑, 하면 가장 먼저 떠오르는 건 미국 작가 로버트 제임스 월러의 세계적인 베스트셀러 소설 《매디슨 카운티의 다리》입니다. 사진작가 로버트 킨케이드는 낡아빠진 픽업트럭에 촬영 도구들을 잔뜩 싣고 한적한 마을 매디슨 카운티로 여행을 떠납니다. 그리고 길을 묻기 위해 잠깐 들른 외딴집에서 "내가 이 혹성에 존재하는 이유는 바로 당신을 사랑하기 위해서"라고 고백한 여인, 프란체스카를 만납니다. 홀로 집을 지키던 프란체스카는 그날 만찬에 로버트를 초대합니다. 프란체스카는 각종 채소를 손질해 요리를 하고, 로버트는 능숙한 솜씨로 그녀를 돕습니다. 점점 로맨스가 무르익죠.

이튿날 촬영을 위해 다시 로즈먼 다리를 찾은 로버트는 다리에서 프란체스카가 쓴 쪽지를 발견합니다. 그녀가 어젯밤 혼자 여기까지 와서 붙여놓고 간 메모지였습니다.

류웨이, 〈무제 Untitled〉

"흰 나방이 날갯짓할 때 다시 저녁식사를 하고 싶으시면, 오늘 밤 일이 끝난 후 들르세요. 언제라도 좋아요."

두 번째 만찬 식탁에서 두 사람은 일생 처음 맛보는 사랑과 행복에 도취됩니다.

"그녀는 다시 여자가 되었다. 다시 춤출 여유가 생긴 것이다. 느릿느릿, 끈기 있게, 그녀는 집으로 돌아가고 있었다. 한 번도 가본 적이 없는 고향으로 향하고 있었다."

이후 로버트와 프란체스카는 사흘 동안 함께 지내며 평생을 간직할 사랑을 나누죠. 그것은 애매함으로 둘러싸인 이 우주에서 단 한 번만 찾아오는 확실한 감정으로 두 사람이 세상을 떠날 때까지 다시는 만나지 못했지만 항상 가슴 깊이 간직했던 추억의 포만감이었습니다. 이것이 전 세계 수많은 연인들을 눈물짓게 한 위대한 로맨스입니다.

한 편의 영화나 드라마처럼 대단한 로맨스가 아니더라도 매일 일상처럼 평범하게 반복되고 유지되는 보통 사람들의 로맨스 역시 위대하기는 마찬가지입니다. 굳이 말하지 않아도, 내색하지 않아도, 티를 내지 않아도, 눈빛과 목소리 하나에서 상대방의 마음을 읽어낼 수 있는 세월의 무게는 그 누구도 흉내 낼 수 없는 묵직한 사랑인 것이죠. 이들에게도 가끔은 추억 속의 젊은 시절이 그리울 때가 있습니다. 그림 속 커플은 그들의 순수했던 시절을 묵묵히 떠나보내며, "이건 어차피 겪어야 하는 일이야."라고 말하는 듯합니다. 즐겁고 유쾌한 모습으로 기분 좋은 얼굴을 하고 있지만 왠지 가슴 한 구석은 허전해지는 느낌이 듭니다. 어느 날 문득, 거울을 들여다보니 벌써 인생의 종착점이 보이는 것 같습니다. 고민할 사이도 없이 바쁘게 살아오는 동안 세월은 그렇게 황급히 떠나 버렸습니다. 하지만 이들도 한때는 모든 것을 다 바쳐도 후회하지 않을 정도로 뜨겁게 사랑을 불태우던 청춘들이었습니다. 그런데 한순간 중년의 나이에 이르렀습니다. 곧 노년의 날들이 찾아오겠지요. 그때가 되면 지금이 봄날처럼 기억될까요? 그러고 보면 우리네 인생의 봄날은 늘 오늘인 셈이지요. 지금 이 순간 말이에요.

류웨이 刘韡, Liu Wei

1972년 베이징에 출생한 그는 항저우 중국미술학원을 졸업한 뒤, 1999년 〈포스트-센스 센서빌리티Post-Sense Sensibility〉 전시에 참여하면서 전위미술 작가로 등단했다. 2011년 중국 상하이미술관 최연소 개인전 작가로 선정됐고, 2015년에는 베이징 UCCA 개인전을 개최했다. 톈안먼 사태 이후 성장한 2000년대 세대의 대표 작가로 꼽힌다. 광저우를 시작으로 상하이, 베니스, 난징, 서울국제미디어아트, 리옹, 부산, 샤르자 등 전 세계 다수의 비엔날레에 참여했다. 회화와 설치, 비디오 위주로 작업하는 류웨이를 유명하게 만든 작품은 아이러니하게도 사진 작품 〈풍경처럼〉 이다. 수묵화 느낌의 중국 산수화로 보이는 이 작품을 가까이 다가가서 보면 벌거벗은 인체의 엉덩이를 찍은 흑백 사진이다. "예술의 정치성이 꼭 정치적으로 보여야 할 필요는 없다."고 말하는 그는 반정치나 반상업주의를 표방하면서도 중국의 현실에 대한 비평과 풍자를 무심히 드러내고 있다.

3부

또 다른 나

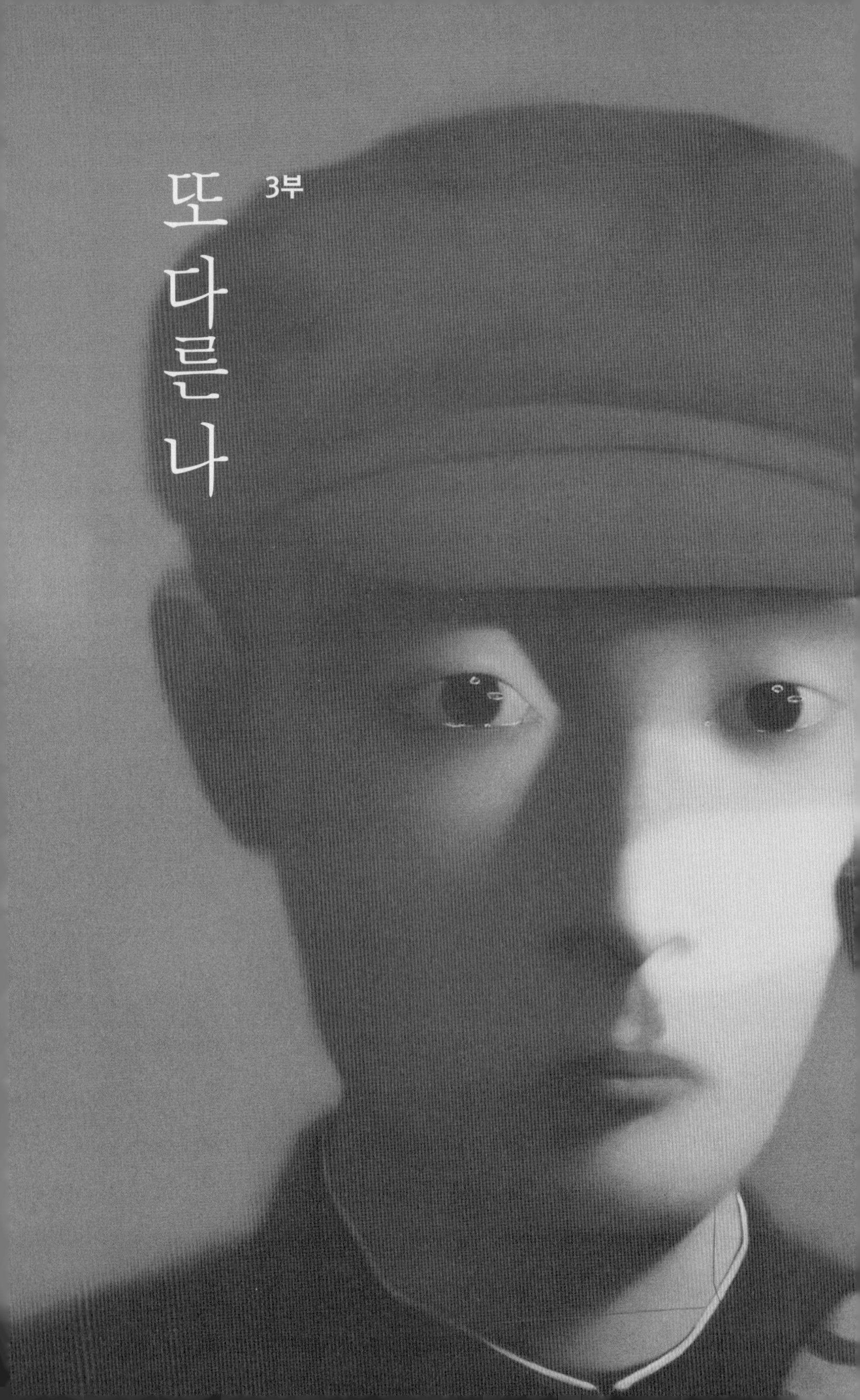

"나는 누구일까? 내가 지금 뭐하고 있는 거지? 나는 어디로 가는 중일까?
가끔 이런 생각이 들 때가 있습니다. 문득 내가 나를 잘 모르겠고,
낯설게 여겨지는 그런 때 말이죠. 내 안에
또 다른 내가 있는 것처럼 느껴집니다. 멍한 기분이 들어요.
어떻게 해야 할까요? 이럴 때는 그저 가만히 내 속으로 들어가 보세요.
내 안의 또 다른 목소리를 들어보는 겁니다. 귀 기울이면 들리지 않나요?
내 안에서 숨 쉬고 있던 또 다른 나의 목소리가 말이에요."

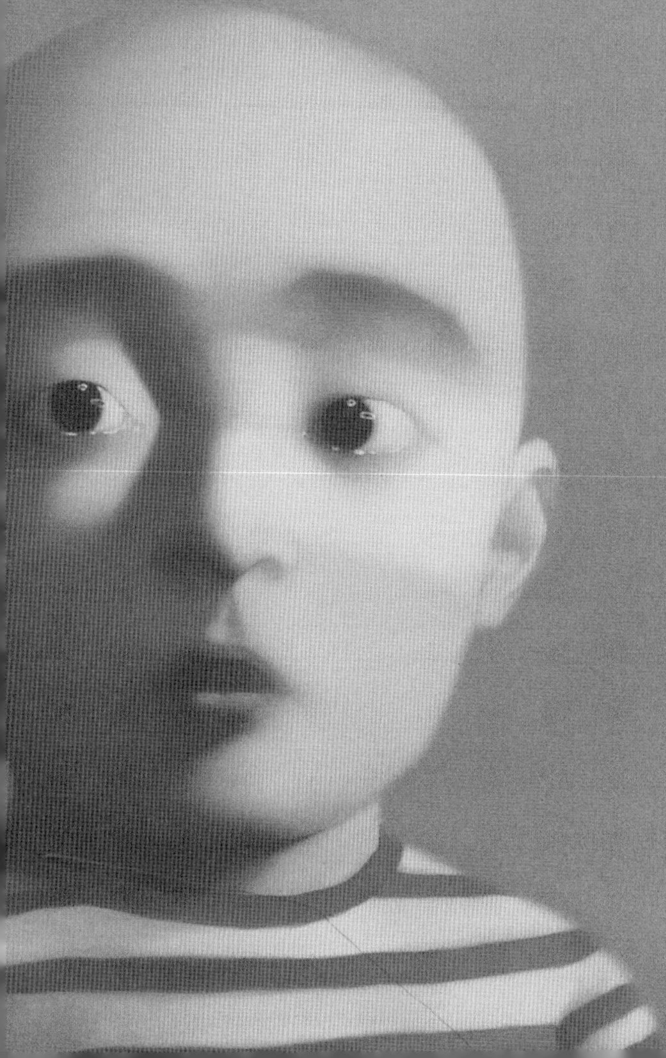

마음의 휴식을 얻는 법

너무 지치고 피곤한 날에는 따뜻한 물속에 몸을 푹 담그고 쉬고만 싶습니다. 그림 속의 사람들처럼 두 눈을 꼭 감고, 온몸에 힘을 뺀 채 물에 나른한 몸을 맡기는 상상을 해봅니다. 그림을 보니 내 몸에 붙은 긴장이 모두 풀려 피로가 싹 떨어져 나가는 것 같습니다.

스트레스를 완화시키는 잔잔한 호수의 파란색은 마음을 차분히 가라앉혀 줍니다. 푸른색이 주는 편안함과 물이 주는 고요한 안식, 바다와 산 같은 자연은 나를 돌아보는 시간을 갖게 합니다. 전에 중국 최대 규모의 황실 정원인 이화원颐和园을 다녀온 적이 있습니다. 중국 3대 황녀였던 서태후의 여름 별장으로 지어져 그녀가 죽을 때까지 머물렀던 곳으로 유명한데, 그 넓은 인공 호수를 바라보며 2시간가량

팡리쥔, 〈1998. 8. 20〉

홀로 걸으면서 많은 생각을 했습니다. 청나라 최고 권력자가 되기 위해 누구보다 치열하게 하루하루를 살아 내야 했을 야욕의 화신 같은 한 여인도 바다와 호수가 만들어 내는 조화로운 자연 풍광 속에서만큼은 평온함을 찾을 수 있었던 걸까요? 그녀는 잔잔한 호수를 바라보며 또 다른 자신을 발견했을까요?

팡리쥔, 하면 세상을 달관한 듯 무심한 표정을 짓고 있는 대머리 건달들이 떠오르시죠? 그런데 이 그림 속 인물은 대머리이긴 하지만 풍기는 이미지가 많이 다르네요. 나이 어린 청소년 같기도 하고, 어딘지 모르게 무기력하고 나약해 보이기도 합니다. 먼저 그린 그림에서는 온몸이 거의 물에 잠겨 있습니다. 나중에 그린 그림에서는 얼굴 중 눈 위까지만 물 위로 올라와 있군요. 두 그림 모두 코와 입이 물속에 빠진 상태입니다. 그러면 숨을 쉴 수가 없겠죠? 편안함을 느낄 수도 있지만 반대로 답답함이나 위험함을 느낄 수도 있습니다.

광활한 하늘과 드넓게 펼쳐진 물은 인간의 거대한 생존 공간을 의미합니다. 엄청나게 큰 공간에서 자신의 몸이 적절한 균형을 이루는 상황은 실제 그림을 그린 작가의 상태와 비슷했는지도 모릅니다. 그 광대한 힘을 가진 공간 속에서 인간은 존재의 위태로움을 느끼지만 어찌하지 못하고, 그저 자신의 몸이 적정한 균형을 이루기만을 바라는 경우 말이지요.

팡리쥔은 어린 시절 연못에 빠져 익사할 뻔한 적이 있었다고 합니다. 그로 인해 물에 대한 공포가 생기게 되었죠. 트라우마를 이겨내기 위해 수영을 배웠지만 26살이 되어서야 비로소 이를 극복할 수 있었습니다. 그림을 통해 화가의 심리 상태를 파악해 보면 물에 대한 공포를 이겨내는 것도 있지만, 물에 몸을 담그고 홀로 있는 시간 동안 내면의 상처와 분노를 물 안에서 모두 폭발시키는 것이 가장 안전하다는 진리를 깨달은 것 같습니다. 푸른 물속에서 벌거벗은 채 온몸의 힘을 뺀 편안한 모습은 마음에 큰 휴식으로 다가왔을 겁니다.

중국 미술이 국제적인 붐을 일으키면서 팡리쥔은 가장 크게 주목받았습니다. 하지만 저는 그가 눈에 띄는 성공을 거두었기 때문이 아니라 자신의 약점인 콤플렉스와 트라우마를 훌륭히 극복해냈기 때문에 좋아합니다. 그는 문화혁명 당시 존경하던 할아버지의 몰락과 사랑하는 아버지의 추락을 동시에 경험했습니다. 그럼에도 불구하고 팡리쥔 아버지는 아들이 구타와 모욕을 당하지 않도록 집 안에 그림 도구를 넣어주며 그림 공부를 시켰습니다. 팡리쥔은 자신의 그림을 통해 폭력과 상처, 가식과 무지, 자신과 사회에 대한 풍자를 녹여냄으로써 어린 시절과 청년 시절에 겪었던 아픔과 상처, 콤플렉스와 트라우마를 뛰어넘었습니다.

"예술보다 더 중요한 건 사람이 되는 거예요. 저는 편안한 사람이 되고 싶습니다."

팡리쥔, 〈1998. 8. 30〉

그는 이렇게 말한 바 있습니다. 예술가 이전에 사람이 먼저 되어야 한다는 그의 믿음, 그리고 성공한 화가를 꿈꾸기 보다는 모두에게 편안한 사람이 되기를 꿈꾸는 그의 소박한 바람은 중국 최고의 화가로서 오늘의 그를 있게 한 원동력입니다. 부조리한 사회 현실 속에서 팡리쥔이 감당해야 했던 굴곡진 삶의 순간들은 물에 몸을 누인 뒤 평형을 이룰 때까지 잠잠히 기다리는 아슬아슬한 순간과도 같았을 겁니다. 그는 물이라는 소재가 자신을 표현하기에 가장 좋은 상태임을 알았습니다. 평온하고 잔잔한 모습. 아무에게도 방해 받고 싶지 않은 눈과 몸의 자세. 이것이 바로 그가 원하는 안전하고 평화로운 내 마음의 상태입니다.

견딜 수 없을 만큼 힘들고 지칠 때 당신은 어디에 몸을 뉘이시나요? 당신이 온몸을 담근 채 평온하고 잔잔한 상태로 들어갈 수 있는 물은 무엇인가요? 잠시 사람들 틈을 떠나서 홀로, 나를 위로해 주는 파란색 물에 몸을 담가 보면 어떨까요? 그 안에서 내면의 상처와 분노를 모두 폭발시키고, 평형을 이룰 때까지 잠잠히 기다리는 것 말이에요. 그러다 보면 조용한 가운데 들려올 거예요. 내 안에 숨어 있던 또 다른 나의 목소리가요. 내 안의 나와 대화를 나눠 보세요. 어느새 몸과 마음이 모두 안정을 찾아 편히 쉴 수 있게 될 겁니다.

팡리쥔 方立鈞, Fang Lijun

1963년 허베이성에서 태어나 중앙미술학원 판화과를 졸업했다. 장샤오강, 웨민쥔, 왕광이 등과 함께 냉소적 사실주의를 대표하는 그는 중국 현대 미술의 사대천왕 중 한 명으로 거론된다. 그의 작품 속에 나타난 무심한 표정의 다양한 인물들은 어린 시절 문화혁명을 겪고, 청년 시절 톈안먼 사태를 경험한 중국의 후89세대를 대표하는 아이콘이 되었다. 세계 유수의 미술관과 화랑에서 개인전을 했으며, 베니스비엔날레를 시작으로 상파울로비엔날레, 광주비엔날레, 모스크바비엔날레, 광주트리엔날레 등 수많은 주요 국제 전시에 참가했다. 현재 베이징을 비롯해 따리, 청두, 징더전, 홍콩에 작업실을 두고 활동 중이다.

어른의 세계를 흉내 내는 아이들

어릴 때는 빨리 어른이 되고 싶었습니다. 어른이 되면 내 마음대로 자유롭게 선택할 수 있을 거라 생각했습니다. 하지 말라는 일도 해보고, 가지 말라는 곳에도 가보고 싶었죠. 어른들의 그런 모습이 힘 있어 보였고, 멋지게 생각되었습니다. 막상 어른이 되어도 할 수 있는 일보다 할 수 없는 일이 더 많은 데 말입니다. 지금은 오히려 그 시절이 그립습니다.

탕쯔강 작품 속 주인공은 어린아이들입니다. 마치 동화처럼 앳된 얼굴을 한 어린이들이 등상합니다. 앙숭맞고 귀여운 동심의 세계입니다. 그런데 아이들은 천연덕스럽게 어른들 흉내를 내고 있습니다. 아이들임에도 불구하고 어른들의 삶을 살고 있는 거죠. 표정이나 동작

탕쯔강, 〈중국 동화 Chinese Fairy Tale 2005〉

은 어른들을 똑같이 따라하고 있지만 어울리지 않으니 당연히 낯설고 부자연스럽습니다.

그림을 한번 볼까요? 군용기 같은 커다란 비행기에서 중요한 인물로 보이는 사람이 내렸습니다. 군인들이 도열해 맞이하는 걸 보니 대단히 높은 사람인 것 같습니다. 빨간색 카펫까지 깔려 있네요. 군 간부와 고위 인사가 비행기에서 내린 인물을 영접하고 있습니다. 왼쪽에는 환영하러 나온 젊은 여성들이 꽃다발을 들고 있군요. 하지만 영어색합니다. 실제 장면 같지가 않죠? 등장인물은 모두 어린아이들입니다. 한창 뛰어놀아야 할 아이들이 똑같은 복장을 입고, 경직된 모습으로 서 있습니다. 바닥에는 그들이 막 가지고 놀았거나 가지고 놀아야 할 장난감과 풍선이 나동그라져 있고, 심지어 강아지까지 나와 있습니다. 고위 인사를 맞이하는 공항 분위기와는 전혀 어울리지 않는 풍경입니다. 유심히 보면 카펫 위 아이들 눈의 초점이 각기 다른 쪽을 향하고 있습니다. '우리가 왜 여기 있는 거지?', '이제 뭘 해야 좋을까?', '나는 그냥 놀고 싶은데……'라고 말하는 것 같습니다. 작가는 이런 그림을 통해 어른들의 세계를 마음껏 풍자하고 고발하면서 웃음거리로 만들고 있는 듯합니다.

"모든 물체는 원래 가지고 있는 속도가 있습니다. 지금 중국이 달리고 있는 속도는 원래 가지고 있던 속도와 맞지 않습니다. 빠르게 가지 않아야 할 물체가 너무 빠르게 가고 있는 것이죠. 부패한 정치와 부패한 교육이 너무 빠르게 달리고 있으니 위태로운 것입니다."

그는 개혁 개방 이후 급속도로 변화하는 중국을 보면서 위기를 느꼈습니다. 변화하지 않아야 할 고유한 가치들이 변화하고, 변화해야 할 낡은 유산들이 변화하지 않았기 때문입니다. 게다가 그 속도가 워낙 빠르다 보니 각종 부작용들이 생겨났습니다. 탕쯔강은 이를 중국의 위기라고 진단했습니다. 그래서 그림 속에 천진난만한 표정을 가

탕쯔강, 〈중국 동화 Chinese Fairy Tale 2008〉

진 아이들을 등장시켜 나약함과 부패에 빠져 허우적거리는 어른들의 세계를 비웃는 동화를 만들어 낸 겁니다. 이른바 '위태로운 동화'는 이렇게 해서 탄생되었습니다. 탕쯔강이 풍자하는 아이들은 그저 사회적으로 앞서 나가려는 마음만 급급한 어른들의 모습입니다. 몸이나 생각이 성숙하지 않은 아이들에게 전혀 어울리지 않는 어른들의 가치관과 논리를 강요하고 있는 분위기가 안쓰럽기만 합니다. 그런 생각을 하면서 그림을 다시 들여다보니 왠지 모르게 좀 씁쓸합니다.

두 번째 그림을 보겠습니다. 아이들이 한마음으로 힘껏 노를 젓고 있습니다. 어린아이들이 다루기에는 노가 너무 크지만 이들은 개의치 않고 일사분란하게 움직입니다. 대단하죠? 하지만 이들이 노를 젓고 있는 물은 파도가 넘실대는 바다가 아닙니다. 파도를 막아주는 방파제가 설치된 안전한 공간입니다. 누가 여기서 이 아이들에게 노를 젓게 한 걸까요?

최근 중국에서는 결혼도 하지 않고, 아이도 낳지 않는 젊은이들이 늘어나는 추세입니다. 또 결혼해서 아이를 낳는다 해도 한 자녀만 두는 가정이 많아 아이들은 어려서부터 외둥이로 자라납니다. 1가구 1자녀 정책으로 태어난 바링허우八零後, 1980년대 이후 출생자와 주링허우九零後, 1990년대 이후 출생자들은 대부분 외동아들과 외동딸로 자라난 탓에 어렸을 때부터 샤오황디小皇帝, 소황제 또는 샤오궁주小公主, 소공주라 불렸습니다. 그만큼 많은 혜택을 받으며 귀하게 자라난 젊은이들입니다. 그렇지만 부모들이 하나뿐인 자녀를 너무 애지중지 기르다 보니 부족함 없이 원하는 대로 하면서 성장해서인지 이들은 점점 이기적인 인성을 갖게 되었습니다. 가족이나 공동체보다는 나 자신을 최우선적으로 생각하는 겁니다. 고학력자들이 많고, 합리적으로 사고하며, 소비 지향적이다 보니 특히 여성들은 독신 생활을 즐기는 경향이 있습니다. 이들에게 결혼은 더 이상 유일한 선택지가 아닌 것입니다.

출세와 성공을 위해 남들을 짓밟고 올라서야만 하는 어른들, 남들이야 어떻게 되든 나만 즐겁고 행복하면 그만이라는 젊은이들, 세대는 다르지만 어딘지 닮아 있지 않나요? 뭔가를 향해 열심히 노를 저어 가는 모습은 동일합니다. 탕쯔강은 그림을 통해 이 같은 현실을 비판하고 있습니다. 한 배에서 최선을 다해 노를 젓고 있지만 속내는 제각각인 겁니다.

중국에는 '우리 아이를 출발선부터 뒤처지게 할 수는 없다.'는 말이 있습니다. 1980년대 후반에 태어난 신세대 부모들의 교육 관념을 표현하는 말입니다. 이 세대는 자신들이 심각한 경쟁 속에 성장했기 때문에 무엇보다 교육이 중요하다고 생각합니다. 이들이 주도하는 중국의 교육열은 정말 대단합니다. 대학 입시는 물론 초등학교와 유치원 때부터 치열한 경쟁이 시작됩니다. 한국인들의 교육열은 세계 어디에 내놔도 떨어지지 않지만 중국인들의 교육열 또한 결코 이에 뒤지지 않습니다. 통계청 발표에 따르면 2017년 우리나라 사교육 시장 규모는 16조 8천억 원으로 GDP 대비 1퍼센트에 육박한다고 합니다. 그러나 중국의 경우 사교육 시장 규모는 1,200억 달러, 한화로 환산해 약 129조 원 규모입니다. 어마어마하죠? 중국의 부모들은 자녀 교육을 위해 아낌없이 투자하겠다는 각오를 가지고 있습니다. 오랜 기간 1가구 1자녀 정책을 지속해 온 결과 할아버지, 할머니, 외할아버지, 외할머니, 아버지, 어머니 이렇게 여섯 명의 어른들이 단 한 명의 아이를 키우는 구조입니다. 따라서 아이 교육을 위해 모든 걸 아낌없이 지원하는 겁니다. 역설적으로 보자면 이렇게 자란 한 아이가 나중에 어른이 되어 경제 활동을 하게 되면 여섯 명의 어른들을 부양해야 하는 것이죠.

말을 하고 글을 쓰게 되면서부터 쉼 없이 경쟁에 내몰리는 아이들. 자녀의 출세와 성공을 위해서라면 자신이 가진 모든 것을 과감하게 투자하는 부모들. 아이에게 어른의 노를 들려주며 정신없이 젓게 만드는 어른들. 어디를 향해 가는지도 모른 채 시키는 대로 온 힘을 다해 노를 젓는 아이들. 이들 모두는 정말 행복할까요? 우리가 일생을 살아가려면 결코 나 혼자서는 살 수 없습니다. 나만 잘 먹고 잘사는 세상은 좋은 세상일 수가 없죠. 내가 아닌 다른 누군가와 함께해야 합니다. 특히 한 배를 탄 무리가 같은 목표를 향하고 있다면 더욱 협력해야겠지요. 내 아이에게 그걸 먼저 가르쳐야 하지 않을까요? 경쟁보다는 협력 말입니다.

탕쯔강 唐志岡, Tang Zhigang
1959년 윈난성에서 출생한 그는 정치 선전 교육 업무를 전담하던 군인이었다. 부친의 뜻에 따라 베트남 전선에 배치되었던 그는 뒤늦게 그림 공부를 시작해 해방군 예술학원을 졸업했다. 그는 어른들의 삶을 살아가는 아이들 그림으로 현대 중국인들의 모습을 풍자한 〈어린이 회의Child Meeting〉, 〈중국 동화Child Fairy Tale〉 시리즈를 선보이며 세계적인 명성을 얻었다. 그림 속 아이들은 어른들의 어리석은 행동을 모방하면서 어른들 세계의 소심함을 과감하게 건드리고 있다. 이를 통해 그는 현대인들에게 근원적이면서도 뼈아픈 질문들을 던진다. 자신의 작품 속에서 수많은 아이들을 그리고 있는 그는 아이러니하게도 결혼도 하지 않았고 아이도 없다. 퇴역 후에는 윈난 예술학원에서 유화과 교수를 역임했다.

변화하는 가족의 모습

1992년 장샤오강은 독일과 프랑스에서 석 달가량 머물 기회가 있었습니다. 그는 꿈같은 시간을 보냈습니다. 매일 아침 빵 한 덩어리와 물 한 병을 들고 미술관에 들어가면 문 닫을 시간이 돼서야 밖으로 나왔습니다. 하루 종일 그토록 흠모하던 서양 미술의 진수 속에서 예술적 영감으로 세례를 받았던 것입니다. 이때의 강렬한 체험이 그를 변화시켰습니다. 그는 중국인으로서 중국의 현실을 반영한 자기만의 예술 세계를 구축하고 싶었습니다.

귀국길에 부모님을 뵈러 고향에 들른 그는 집 안 곳곳을 뒤적이다 매력적인 물건을 발견합니다. 그것은 문화혁명 시기에 찍었던 가족들 모습이 담긴 낡은 흑백사진이었습니다. 중국 전체가 큰 혼란과 격변

장샤오강, 〈아버지와 아들 Father and Son〉 (위)
장샤오강, 〈아버지와 딸 Father and Daughter〉 (아래)

에 사로잡힌 시절이어서 그런지 사진 속에 등장하는 가족들은 감정이 모두 사라진 엄숙한 표정과 딱딱한 자세 일변도였습니다. 가족 간의 정이나 사랑이 전혀 느껴지지 않는 건조한 사진이었던 거죠. 자신의 백일 사진과 청년 시절에 찍은 사진 역시 마찬가지였어요. 묵묵히 카메라만 직시하는 사진을 보며 그는 영감이 떠올랐습니다.

"저는 몹시 흥분했습니다. 제가 고민해 오던 사적인 은밀함과 공통적 표준화 사이의 관계가 나타났기 때문입니다. 우리는 집단주의 속에 살아온 세대입니다. 우리 세대와 전통과의 관계, 사회와의 관계, 직장 동료와의 관계, 그 밖의 사적인 관계는 모두 가족이었습니다. 가족사진이라는 시각적 방식으로 이것을 처리하는 것보다 더 적합한 방법은 없었습니다."

이후 그는 개인의 마음과 역사의 진실을 동시에 탐구하고 표현하는 데 관심을 갖게 되었습니다. 중국 정체성과 중국인 자화상을 복원하는 수단으로 자신의 낡은 가족사진을 사용하기 시작한 겁니다. 회색 또는 청회색 배경에 인물의 얼굴을 크게 배치한 뒤 붉은 선으로 혈연을 연상시키게 만들었습니다. 그런 다음 과거의 상처나 흔적을 상징하는 한 조각 빛이 스며들게 했습니다. 차분한 단색조의 색채 가운데 고요하게 등장한 인물의 무표정한 얼굴, 그리고 앙다문 입술과 놀란 듯 둥그렇게 치켜뜬 눈은 관객들을 알 수 없는 과거로 인도하다가 어느 순간 현재를 거쳐 먼 미래까지 자유롭게 시간 여행을 할 수 있게 해주었습니다. 분명 다른 가족의 사진이지만 바라보는 사람은 저마다 자신의 가족사진을 본 것처럼 그림 속에서 수많은 사연들을 만들어 내고 끄집어냈습니다. 그에게 부와 명성을 가져다준 〈혈연 시리즈〉와 〈대가족 시리즈〉는 이렇게 탄생했고, 전 세계 사람들을 매료시켰습니다.

〈혈연-대가족 16〉을 보면 아빠와 엄마, 아들과 딸 그리고 아기가 등장합니다. 전부 다섯 명이네요. 1가구 1자녀 정책을 따르지 않은 가족이군요. 깔끔한 외모의 젊은 부부는 인민복 차림입니다. 앞에 있는 자녀도 정장을 잘 차려입었습니다. 포인트는 가운데 자리한 아기입니다. 흰색 상의만 입은 아기는 온몸이 빨갛습니다. 이들이 혈연관계임을 강조한 겁니다. 사실 다섯 사람의 얼굴을 살펴보면 대번 한 가족임을 알 수 있을 정도로 닮았습니다. 그림을 보면 그다지 곤궁해 보이지 않는 화목한 가정이라는 걸 미루어 짐작할 수 있습니다. 그럼에도 불구하고 이 가족에게서는 사람 냄새가 나지 않습니다. 오로지 앞만 직시하는 이들은 무엇을 보고 있는 걸까요? 무슨 생각을 하고 있는 걸까요? 혹시 아기의 붉은 살갗은 사회주의의 민낯을 보여주고 있는 건 아닐까요? 뭉쳐 있는 것 같지만 해체된 가족 말이죠.

몇 년의 시간이 흘렀어도 가족들의 얼굴은 변하지 않았습니다. 〈아버지와 아들〉에서는 인민복 차림의 젊은 아빠와 민머리의 어린 아들

장샤오강, 〈혈연-대가족 Bloodline-Big Family 16〉

이 등장합니다. 잘생긴 부자지간이지만 여전히 무표정입니다. 두 사람 얼굴에 빛이 스며들고 있군요. 〈아버지와 딸〉도 마찬가지네요. 댕기 머리를 한 딸의 얼굴이 붉게 물들어 있습니다. 아빠와 딸의 얼굴에 얼룩인지 자국인지 모를 분명치 않은 흔적이 보입니다. 사진은 지나간 시간이 특정 공간 안에 머무는 살아 있는 추억입니다. 흘러 버린 시간과 공간을 현재로 불러냈을 때 잊고 있던 상처와 아픔도 그대로 되살아나는 법이죠. 하지만 이미 역사가 된 당시의 상처와 아픔은 시간이라는 약을 먹고 치유되었거나 새살이 돋아난 상태입니다. 옛날 사진을 다시 꺼내 본다는 건 그런 겁니다. 변하지 않는 것 속에서 변화를 발견하고 회복을 경험하는 의식 같은 것 말이에요.

어릴 때 시골 할머니 댁에 가면 방 벽에 가족사진이 많이 걸려 있었습니다. 흑백의 빛바랜 사진 속 인물들 역시 장샤오강의 그림처럼 대부분 무표정했던 것 같습니다. 그러나 표정 없이 찍은 사진에서도 한 가족임을 알 수 있게 해주는 가족애 같은 게 흐르곤 했습니다.

예전에는 가족사진을 찍기가 쉽지 않았습니다. 카메라가 귀했을 뿐더러 일부러 사진관을 가는 것도 보통 일이 아니었으니까요. 그래서 이 동네 저 동네 떠돌아다니며 사진을 찍어주는 사진사들이 있었습니다. 이동식 사진관이라고도 할 수 있었죠. 자녀들을 대여섯 혹은 예닐곱 이상 낳던 시절에는 아무나 사진을 찍을 수 없었습니다. 단체사진 아니면 장남 정도나 돼야 사진을 찍을 수 있었어요. 딸은 물론이고 둘째나 셋째아들조차 백일이나 돌이 되어도 기념사진을 찍기 어려웠습니다. 그러니 생전 처음 사진을 찍기 위해 의자에 앉아 카메라를 쳐다보게 되면 얼굴이 굳어지고 온몸에 힘이 잔뜩 들어갈 수밖에 없었던 거죠. 요즘이야 스마트폰으로 시도 때도 없이 사진을 찍어대니까 촬영 실력도 수준급이고 표정도 다양하지만 옛날 흑백사진 속 풍경은 우리도 장샤오강 그림 속 인물과 별반 다르지 않았습니다.

다시 그림으로 돌아가 볼까요? 아버지와 함께 사진을 찍는 아들과 딸, 두 사람 사이에는 혈연이라는 뚜렷한 공통분모가 있는 것 같지만 그 이면에는 공유하기 어려운 무심한 기운이 흐르고 있습니다. 보이지도 않을 정도로 가느다란 실이 끊어지지 않은 채 간신히 서로를 이어주고 있는 듯합니다. 이렇게 과거와 현재의 시간 흐름과 환경 변화는 가족 관계까지 묘하게 만들어 버리고 말았습니다. 그래서일까요? 슬픈 눈동자 속에 눈물이 고여 있는 것 같네요. 작가는 작품 속에서 가족 간에 잃어버린 것들에 대한 아쉬움, 지나간 것들에 대한 그리움, 되살릴 수 없는 것들에 대한 안타까움을 그려내고자 했는지도 모릅니다.

중국에서는 고령화가 급속히 진행되면서 효 사상이 빛을 잃어가고 있습니다. 정부에서는 '신24효'를 발표하며 효도를 부흥시키고자 노력하기도 했죠. 이에 따른 행동 기준에는 부모님 댁 자주 찾기, 명절 휴가 함께 보내기, 생신 축하드리기, 인터넷 사용법 알려드리기, 매주 통화하기, 옛날 영화 같이 보러가기 등이 있다고 합니다. 작지만 확실한 행복이겠죠? 그래서인지 베이징 외곽 골목에 가면 3대가 같이 장기를 두는 모습을 종종 볼 수 있습니다. 여름이면 남자들이 허물없이 윗옷을 벗고 가족들과 둘러앉아 맥주를 마시기도 합니다.

우리 역시 가족관계가 변하고 있습니다. 대가족이 해체된 지는 이미 오래지만 최근에는 1인 가족이 늘어나고 있죠. 할아버지 할머니는 고사하고 아버지 어머니와 한집에서 사는 사람도 점점 줄어들고 있고요. 혼자 밥 먹는 식당이 속속 생겨나고, 식재료나 생활용품도 1인분과 1인용이 많이 만들어진다는 것은 이런 세태를 반영하고 있습니다. 그러면 힘들 때 누가 위로해 주고, 아플 때 누가 간병해 주며, 기쁜 일이 있을 때 누가 축하해 줄까요? 물론 친구나 직장 동료도 있고 이웃도 있겠죠. 하지만 과연 이들이 가족만 할까요?

내게 유전자를 나눠주신 부모님과 가족은 또 다른 나의 모습입니다. 운명처럼 만나 가족을 이룬 사람들, 우리는 가까이 혹은 멀리서 수많은 내 모습들을 만들고 찾을 수 있습니다.

혈연관계란 하늘이 맺어준 관계라고도 할 수 있겠죠. 안 만나려 해도 안 만날 수 없고, 끊으려 해도 끊을 수 없는 그런 관계 말이에요. 당연히 가족 간에도 갈등과 다툼이 있고, 상처도 생깁니다. 이를 극복하고 치유할 수 있는 건 오직 가족 간의 관심과 사랑뿐입니다.

혹시 빛바랜 옛날 가족사진에 얼룩이나 자국처럼 상처나 아픔이 남아 있나요? 그걸 지울 수 있는 것 역시 관심과 사랑입니다. 먼저 전화 한 통 해보세요. 쑥스러우면 문자 한 번 보내는 것도 좋겠죠. 어렸을 때 함께 먹었던 맛있는 음식을 싸들고 직접 찾아간다면 제일 좋고요. 관심과 사랑은 나눌수록 늘어난답니다. 지출할수록 잔고가 많아지는 마법의 통장 같은 거죠. 이렇게 한다면 빛바랜 옛날 가족사진이 달라질 거예요. 얼룩이나 자국이 점점 없어지면서 사진 속 인물들이 방긋 웃게 될 테니까요. 이건 저와 내기를 하셔도 좋습니다.

장샤오강 張曉剛, Zhang Xiaogang

1958년 윈난성 쿤밍시에서 태어난 그는 어머니의 권유로 그림을 그리기 시작했다. 1977년 쓰촨 미술대학 유화과에 입학한 뒤 사회주의 사실주의를 거부하고 새로운 모더니즘을 탐구했다. 졸업을 앞두고 파격적인 비사실주의 화풍의 그림이 권위 있는 미술 잡지에 실리며 재능을 인정받았고, 졸업 후에는 동료들과 그룹을 형성해 활발한 창작 활동을 이어갔다. 그의 예술 세계는 격변과 혼란 속에서 점점 자아를 상실해 가는 중국인들의 자화상을 복원해내는 고단한 작업이었다. 따라서 그의 작품에는 그 시대를 몸소 체험한 이들의 고뇌와 격정, 애환과 슬픔이 고스란히 담겨 있다. 중국 현대 미술의 사대천왕 중 한 명으로 꼽히는 그는 사회 전체의 모습보다 개인의 심리에 초점을 맞춘 작품으로 국제 미술계에 커다란 이슈를 만들며 주목받고 있다. 우연히 발견한 옛날 가족사진에서 영감을 얻어 그리게 된 〈혈연 시리즈〉와 〈대가족 시리즈〉는 중국의 정체성에 대한 물음에 해답을 제시해 주었다.

고단한 하루

색다른 그림이군요. 여성용 부츠 한 켤레가 보이네요. 붉은 빛깔의 에나멜 구두입니다. 검정색 벽 아래 곧바로 이어지는 검정색 타일 위에 놓여 있어서 그런지 더욱 강렬해 보입니다. 누가 이 부츠를 신고 어디를 다녀온 건지 혹은 어디로 들어가기 위해 이 부츠를 벗어 놓은 건지 알 수가 없습니다. 그러나 신은 지는 꽤 오래된 듯 좀 낡아 보이는군요. 원 안에 신발이 들어 있습니다. 중국의 정원 안에 들어서서 방으로 들어가려면 동그란 문이 보입니다. 그 문 안에서 바깥쪽을 내다보면 벗어둔 부즈가 이렇게 보이겠죠? 그런 상황입니다.

한데 지극히 평범해 보이는 이 그림에 약간 이상한 부분이 있습니다. 뭔지 아시겠어요? 자세히 보십시오. 네, 신발의 위치가 바뀌었죠.

쑹이거, 〈부츠 한 짝 A Pair of Boots〉

제대로 신발을 벗고 들어갔다면 오른쪽 신발은 왼쪽에 왼쪽 신발은 오른쪽에 가지런히 놓여 있어야 할 텐데, 그림 속에서는 거꾸로 놓여 있습니다. 두 가지 경우겠죠. 약속 시간이 늦었거나 긴박한 일이 생겨 정신없이 신발을 벗어 놓느라 가지런히 벗어둘 겨를이 없었을 때 이런 그림이 나올 수 있습니다. 또 하나는 너무 피곤하고 고단해서 털썩 주저앉아 하나씩 신발을 벗은 후 아무렇게나 놓아두고 들어갔을 때도 이런 그림이 나올 수 있어요. 어떤 경우든 이 부츠의 주인공은 매우 바쁘고 고단한 하루를 살고 있는 겁니다. 피곤함과 나른함에 온몸이 뻐근할 정도로 지쳐 있는 거예요.

"저는 작가로서 제 주위에 존재하는 진실한 감정들을 포착하려고 합니다. 물감은 단지 도구일 뿐이고, 저의 느낌들이 제 작품의 진정한 근원입니다. 저는 진실한 감정을 작품 안에 표현하고 싶습니다."

작가 쑹이거는 이렇게 말했습니다. 한 켤레의 부츠를 통해 그녀는 하루하루 고단한 삶을 살아가는 현대 도시 여성의 애환을 있는 그대로 보여줍니다. 그 속에 담긴 눈물과 웃음, 슬픔과 기쁨은 보고 해석하는 사람의 몫이겠죠. 화가에게 중요한 건 삶의 진실일 뿐입니다.

저에게도 신발과 관련해 떠오르는 기억이 있습니다. 비가 많이 오는 어느 날이었습니다. 베이징 사람들은 비가 내리면 젖지 않도록 신발을 벗어 비닐봉지에 넣은 뒤 맨발에 슬리퍼를 신고 다닙니다. 저는 아무래도 좀 어색해서 그냥 구두를 신고 다녔습니다. 폭우가 쏟아진 다음날 저는 어제 신었던 신발을 그대로 신고 출근했습니다. 병원에서 함께 일하는 분들이 이 모습을 보시고는 "역시 한국 신발이 좋다."고 부러워하셔서 한참을 웃었습니다.

그 후 후통 거리에서 구두를 하나 샀습니다. 값이 저렴해서 좋았지만 디자인이나 품질은 한국 제품과 결코 비교할 수 없었습니다. 제가 중국에서 구두를 사서 신게 되리라고 생각해 본 적이 없었기에 꽤 신기했습니다. 중국 거리에서는 재미있는 일이 많이 벌어집니다. 옷도 사고 액세서리도 사면서 점점 중국에서의 쇼핑에 익숙해지는 제 자신이 놀라웠습니다.

신발은 인간에게 필요한 의복류 가운데 필수불가결한 물건입니다. 모자나 장갑이나 양말 등은 없으면 착용하지 않아도 그만이지만 신발은 없으면 외출할 수도 없고, 일을 할 수도 없습니다. 맨발로 다닐 수 있는 곳은 해변이나 잘 정돈된 산림욕장 정도입니다. 또한 신발은 신분을 상징하기도 하고, 어떤 일을 하는지를 나타내기도 하며, 한 사람이 어떻게 살아왔는지를 드러내 주기도 합니다. 군인이나 경찰, 소방관 등 특별한 직종에 있는 사람들이 신는 신발은 여느 신발과 다릅니다. 그중 장교와 사병, 간부와 직원이 신는 신발에서도 차이가 나죠. 축구선수는 축구화를 신고, 농구선수는 농구화를 신는 반면 태권도선수는 신발을 신지 않고 맨발로 경기를 합니다. 많은 사람을 만나야 하는 영업사원은 반질반질 광을 낸 구두를 신고 다니며, 창조적인 작업을 하는 예술가들은 편안한 신발을 신고 일합니다.

신발하면 떠오르는 인물이 있습니다. 한국 경제의 전설적 존재인 정주영 현대그룹 회장입니다. 이분이 생전에 얼마나 검소하게 사셨는지는 이미 잘 알려져 있습니다. 새벽부터 밤중까지 여기저기 다니며 무진장 일을 했으니 신발은 또 얼마나 많이 닳았겠습니까? 그런데 이분은 운동화가 헤지면 천을 갈아서 다시 신었다고 합니다. 구두는 밑창에 쇠로 만든 징을 박아서 신고 다녔고요. 구두 가죽이 다 떨어질 때까지 몇 번이나 밑창을 갈아 신었다니 정말 대단하지 않습니까? 한국을 대표하는 기업인이자 부자인 그가 다 헤진 낡은 신발을 신고 다니는 걸 보면 절로 존경심이 생겨났을 것만 같습니다. 별로 하는 일도 없고, 가진 것도 없는 사람이 번쩍 거리는 새 신발을 신고 다니는 것과는 극명하게 대조가 됩니다. 그런 의미에서 신발은 한 사람의 삶의 족적과 인격을 보여주는 이력서 같은 거라는 생각이 듭니다.

회사에서 혹은 집에서 벗어 놓은 내 신발을 들여다보신 적 있나요? 어떻게 놓여 있던가요? 가지런히 놓여 있었나요? 아니면 어지럽게 마구 내동댕이쳐져 있었나요? 그 정도는 아니지만 쑹이거의 그림에서처럼 어딘지 모르게 허술하게 놓여 있었나요? 벗어 놓은 내 신발에서 무엇이 느껴지셨나요? 고단함과 피로감이었나요? 아니면 상쾌함과 생동감이었나요?

내 분신과도 같은 신발에게 모처럼 따뜻한 위로의 말 한마디 건네 보는 건 어떨까요?

"오늘도 하루 종일 내 온몸을 지탱하며 다니느라 정말 수고 많았어. 네 덕분에 발이 가볍고 아프지 않았어. 너는 또 다른 나라고 생각해. 고마워. 그리고 내일도 잘 부탁해."

쑹이거 宋易格, Song Yige

1980년 하얼빈에서 출생한 그녀는 루쉰미술학원에서 학사와 석사 과정을 마쳤다. 세계적인 작가 쩡판즈가 발굴하고 추천하는 중국의 신예 작가다. 그녀는 삶과 환경에 영감을 받고, 자신이 느끼는 또는 느꼈던 감정에 집중하여 그 감정을 솔직하게 표현하는 작업들을 선보인다. 변해 가는 도시를 온몸으로 느끼며 자란 작가는 화려하고 현란한 시각적인 언어로 소통하는 같은 나이 또래의 다른 중국 작가들과 달리 본인의 일상생활 속 또는 과거의 경험으로부터 작품의 소재를 발견한다. 색채와 자의식이 지나치게 넘쳐나는 같은 세대 작가들과는 거리감이 있는 것이다. 2010년 베이징에서 첫 개인전을 개최한 그녀는 2011년 한국에서도 개인전을 개최한 바 있다. 현재 베이징에서 작업 중이다.

친구

첫 번째 그림은 분위기가 다소 애매합니다. 뭘 하는 건지 통 모르겠네요. 아스팔트 도로가 있고, 큰 길 왼쪽으로 샛길이 하나 보입니다. 자동차가 다니는 삼거리죠. 이미 하늘은 황혼으로 접어들고 있습니다. 어딜 가든지 바삐 움직여야 하는 상황이네요. 그런데 도로 한쪽에서 젊은 여성 다섯 명이 모여 뭔가 심각하게 의논하고 있군요. 표정들이 아주 진지합니다. 무엇을 고민하는 걸까요? 길을 몰라 어디로 가야 할지를 상의하는 걸까요? 아니면 좀 더 노을이 드리우면 근사한 사진 한 장 찍고 가자고 이야기하는 걸까요? 굉장히 궁금해집니다.

관객들은 작가의 의도와 상관없이 여러 상상을 할 수 있을 겁니다. "여기서 쉬다 약간 어두워지기 시작하면 그때 가는 게 좋을 것 같아."

위홍, 〈황혼을 기다리며 Waiting at Nightfall〉

"맞아, 상가에 너무 환할 때 가면 이상해."

"그렇지. 조문은 낮보다 밤에 하는 게 분위기에 더 잘 어울려."

"그러나저러나 여기서 해질 때까지 이러고 있는 것도 좀 어중간하긴 하네."

뭐 이런 대화를 나눌 수도 있지 않을까요? 복장이 다들 검은색이어서 혹시 상가에 조문하러 가는 길이 아닐까 추측해 본 겁니다. 살다 보면 친구가 필요한 순간이 꽤 많지만 상가에 조문하러 갈 때나 결혼식장에 하객으로 갈 때 절실하게 친구들이 필요합니다. 혼자서 가게 되면 쭈뼛거리게 되고 말도 행동거지도 여간 어색한 게 아닙니다. 나중에 식당에서 밥을 먹을 때도 마찬가지죠. 장례식장이나 결혼식장에서 혼자 밥을 먹는 건 어지간한 강심장 아니고선 할 수 없는 일입니다. 남자들은 모르겠지만 여자들은 정말 힘들어요. 정 같이 갈 사람이 없어 혼자 갔다면 조문이나 축하를 마친 뒤 총총히 돌아서 나오는 게 대부분입니다.

두 번째 그림은 애매하지 않네요. 뭘 하는 건지 명료합니다. 학교 체육 시간인 것 같군요. 어린 여학생들이 단체로 줄넘기를 하는 듯합니다. 여럿이 하려면 호흡이 잘 맞아야 합니다. 뛰뛰기를 하는 순간과 올라가는 높이 그리고 내려오는 순간 등이 정확히 일치하지 않으면 누구 하나라도 줄에 발이 걸리게 되죠. 그러면 다 같이 지는 겁니

위훙, 〈자발성 운동 Spontaneous Motion〉

다. 그림을 보니 소녀들의 호흡이 잘 맞는 것 같네요. 줄이 보이지 않아 알 수 없지만 한 사람도 걸려 넘어지는 사람은 없으니까요. 바람에 날리는 소녀들의 머릿결이 상쾌해 보입니다. 생동감이 넘치고요. 여럿이 어울려 하는 운동이나 게임은 친구들끼리 할 때가 제일 재미있습니다. 집안 어른들이나 직장 상사들과 이런 걸 하려면 이 눈치

저 눈치 보면서 머리까지 써야 합니다. 예상치 못한 결과가 나왔을 때 분위기가 이상해지기도 하고, 뒷감당이 어려운 사태가 벌어질 우려도 있습니다. 하지만 친구들끼리야 그럴 일이 없죠. 승부욕에 불타 치열하게 운동이나 게임에 몰입하지만 어떤 결과가 나오든 한바탕 웃고 떠들면 그만입니다. 진 쪽에서 맛있는 걸 산다면 더 좋겠죠. 운동이나 게임을 마음껏 즐긴 뒤 맛있는 걸 실컷 먹으면서 수다를 떠는 건 여자 친구들끼리만 가능한 삶의 활력소이기도 합니다. 저도 이런 시간을 참 좋아해요.

중국은 친구 관계가 우리나라보다 더 끈끈해서 친구가 찾아오면 서로 모르는 사람이 있는 자리라도 꼭 합석을 시킵니다. 친구의 친구들과 어울리면서 자연스럽게 관계가 확장되는 거죠. '유연천리래상회有緣千里來相會'라는 말이 있습니다. '인연이 있으면 천 리에서도 와서 만난다.'는 뜻이에요. 수많은 인연 중에 소중하지 않은 인연은 하나도 없다는 의미입니다.

위홍의 그림을 보면서 중국인들의 인간관계를 생각해 봤습니다. 중국 사람들은 친구를 '펑요우朋友'라고 부릅니다. 이들은 친구인 이웃과 친구가 아닌 이웃, 즉 '관시关系, 사람과 사람 사이의 관계'가 있는 사람과 없는 사람을 철저히 나누어 생각합니다. 흔히 하는 말로 관시가 있으면 아무리 어려운 일이라도 쉽게 풀릴 수 있고, 반대로 아무리 하찮은 일이라도 관시가 없으면 생각지 않은 어려움을 겪는다고 합니다. 관시가 없는 사람이면 굶어 죽든 얼어 죽든 별로 상관하지 않습니다. 그러나 관시가 있는 사람이면 간도 쓸개도 다 빼줄 정도로 잘해주죠. 제가 중국에 머무는 동안 갑작스런 폭우로 베이징과 양쯔강 등에서 많은 사람들이 사망했다는 보도가 나왔습니다. 그런데 이들은 마치 다른 나라 일인 양 무덤덤하더군요. 같은 민족이라는 것보다 삶의 관계에서 일어난 관시를 더 중요하게 여기기 때문이죠. 혈연, 지연, 학연 등의 연줄은 중국인들이 관시를 맺는 데 있어 중요한 연결고리입니다.

저는 중국에서 공부하고 일하는 동안 그들과 금방 친해질 수 있었습니다. 짧은 시간에 많은 중국인들과 깊은 인연을 맺었습니다. 서로 관시가 통했던 걸까요? 한국과 중국의 관계를 나타내는 '일의대수一衣帶水'라는 말이 있습니다. 한 벌 옷에 있는 허리띠만큼 좁은 강이라는 뜻으로 아주 가까운 사이를 일컫는 재미있는 표현입니다. 여러 가지 정치적 이슈 때문에 요즘은 양국 사이가 조금 서먹서먹해진 것 같기도 하지만 중국인과 한국인은 관시를 맺기에 그리 어렵지 않은 환경을 가지고 있습니다. 먼저 마음을 열면 그들도 마음을 열더군요.

만나는 사람마다 친구가 되면 좋겠지만 진심으로 우정을 나눌 수 있는 좋은 친구를 만나기는 쉽지 않습니다. 나의 성공과 행복을 시기하고 질투하는 친구들도 있기 마련이니까요. 내가 잘 나갈 때나 즐거운 일이 많을 때는 주변에 친구들이 모여듭니다. 다들 좋은 친구들인 것처럼 보이죠. 그러나 내가 어려움에 처하거나 고난과 역경에 빠졌을 때는 주변을 아무리 둘러봐도 친구가 보이지 않습니다. 진정한 친구는 내가 곤란해졌을 때 드러납니다. 마찬가지로 나 역시 곤경에 처한 친구를 돌아보고 함께해 줄 수 있는 사람이 되어야겠죠.

중국에는 '토끼는 보금자리 주변의 풀은 먹지 않는다.'는 속담이 있습니다. 좋은 사람은 자기 주변의 친구나 이웃의 이익을 침범하거나 다치게 하지 않는다는 뜻입니다. 지금 여러분 주위에는 어떤 친구가 있습니까? 그리고 내 친구들에게 나는 어떤 존재일까요?

위홍 喩紅, Yu Hong

1966년에 태어나 대학에서 미술을 전공하고 화가의 길로 들어선 그녀는 1991년 톈안먼 광장 옆 중국역사박물관에서 개최된 신생대 전시에 참여함으로써 중국의 시대정신을 대변하는 젊은 예술가로 부각되기 시작했다. 그녀의 작품은 삶의 모든 단계에서 여성과 개인의 관점 그리고 개인과 중국에서 일어나는 급속한 사회적 변화 사이의 관계를 특징적으로 묘사한다. 일면 사소하고 단편적으로 보이는 도시생활을 통해 인간의 내면세계를 간결하게 표현하는 데 강렬한 관심을 보이고 있는 것이다. 그녀는 주로 유성 페인트로 작업하지만 파스텔, 직물의 캔버스, 실크 및 수지로도 다양한 염색을 시도한다. 작가의 작품은 친밀감, 정직성, 촉감 등으로 유명하며, 자신과 가족과 친구들을 묘사한 비유적인 작품으로 많은 사랑을 받고 있다. 현재는 베이징 중앙예술원에서 교수로 재직 중이다.

공룡을 사랑한 남자

공룡 좋아하시나요? 대개 여성보다는 남성이 어른보다는 어린이가 좋아하죠. 지금은 볼 수 없지만 먼 옛날 지구에 분명히 존재했었던 거대한 체구와 힘을 가진 생물체에 대해 묘한 흥미와 매력을 느끼는 것 같습니다. 공룡은 중생대 트라이아스기 후기에 나타나 쥐라기와 백악기에 번성하다가 백악기 말에 멸종된 대형 파충류 중 육상동물만을 일컫습니다. 하늘을 나는 동물은 익룡, 바다에 사는 동물은 어룡이라 부르죠. 오랜 시간 지구에서 번성했던 공룡이 왜 사라졌는지 그 이유는 밝혀진 바 없습니다. 운석 충돌설, 화산 활동설, 노아 홍수설 등이 있을 뿐이에요. 공룡은 육식공룡과 초식공룡으로 나눌 수 있는데, 가장 많이 알려진 티라노사우루스는 지구상에 살았던 육식

공룡 중 가장 무섭고 사나운 공룡이라고 하네요.

공룡은 소설, 애니메이션, 다큐멘터리, 영화, 게임의 소재로 수없이 등장했습니다. 대표 영화로는 1993년부터 시리즈로 제작된 스티븐 스필버그 감독의 〈쥐라기 공원〉이 있습니다. 코스타리카 서해안의 한 섬에 테마 파크 쥐라기 공원이 세워집니다. 개장에 앞서 최신 복제 기술로 살아난 공룡들이 활보하는 이곳에 공룡학자를 비롯한 각계 전문가들이 정밀 안전 진단을 위해 투어에 나서죠. 그러나 최첨단 컴퓨터 시스템으로 철저히 통제되고 있던 공룡들에게서 예기치 않은 사고가 일어나고, 여기에 태풍까지 몰려오면서 일행들의 공룡 투어는 순식간에 생존을 위한 공포 투어로 돌변합니다. 무시무시한 공룡들의 추격을 피해 달아나는 주인공들을 보며 영화를 보는 내내 소리를 지르고 손에 땀을 쥐었던 기억이 떠오릅니다. 아무튼 이 영화는 전 세계에 걸쳐 대박을 터뜨리며 흥행에 성공을 거두었습니다.

중국에 공룡을 너무너무 좋아하는 어른이 있습니다. 영화감독이냐고요? 소설가냐고요? 게임 사업자냐고요? 아닙니다. 그는 예술가입니다. 구체적으로는 조각가죠. 커다란 공룡을 만들어 전시하는 중국 현대 조각의 거장 수이지안구오가 바로 그 주인공입니다. 베이징 예술구 798에 가면 거리에서 그가 조각한 빨간색 공룡을 만날 수 있습니다. 사람들은 이 공룡과 함께 기념사진을 찍죠. 물론 저도 찍었답니다. 이 거리의 상징 같은 조각이니까요.

수이지안구오, 〈메이드 인 차이나 Made in China〉

그는 수많은 미적 대상들을 다 제쳐두고 왜 하필이면 무서운 공룡을 조각하게 된 걸까요?

개혁 개방을 화두로 1970년대 말부터 시작된 실용주의 노선은 중국의 사회주의 경제 체제를 순식간에 무너뜨리며 베이징을 서구의 자본과 문물이 범람하는 국제도시로 변화시켰습니다. 베이징은 하루가 다르게 낯선 세계로 변모했죠. 많은 사람들이 중국이 정치 경제적으로 대국이 되려면 어쩔 수 없이 이런 과정을 거쳐야 한다고 생각했지만 한꺼번에 빠른 속도로 밀려드는 변화의 물결은 중국의 오랜 전통과 역사에 일대 혼란을 가져다주었습니다.

수이지안구오는 자신을 포함한 대다수 중국인들이 생전 처음으로 겪는 대량 생산과 대량 소비 사회를 상상 속에서나 그려 보았던 쥐라기 시대의 공룡으로 묘사했습니다. 모든 것을 집어 삼키고 쓰러뜨리며 초토화시키는 통제 불능의 힘을 가진 존재 말이죠. 그 거대한 공룡의 이름은 〈메이드 인 차이나〉입니다. 그는 어린이 장난감으로 만들어진 공룡을 색깔과 질감까지 똑같이 확대해서 공장을 통해 재생산합니다. 이렇게 만들어진 공룡 작품은 국제 유동자본이 중국 대륙으로 흘러 들어와 중국산으로 복제되었다는 뜻을 담고 있습니다.

1990년대 말 이 빨간색 공룡이 출현하면서 수이지안구오는 현대 물질문명에 대한 비판자로서 전 세계인들로부터 다시 한 번 조명을 받게 되었습니다. 그가 공룡을 조각하기로 결심한 것은 우연히 들렀던 문구점에서 '메이드 인 차이나'라고 쓰인 장난감 공룡을 발견한 이후입니다. 그는 이를 통해 중국의 경제 상황을 알 수 있다고 생각했습니다. 외국에서 만들어진 디자인과 소재를 들여와 중국의 값싼 노동력으로 대량 생산해서 다시 해외에 내다 파는, 즉 OEM Original Equipment Manufacturing, 주문자가 요구하는 제품과 상표명으로 완제품을 생산하는 것 방식의 판매 과정을 거치며 중국 경제도 발전을 시작했기 때문입니다. 개혁 개방이 시작되면서 세계 어느 나라를 가든 '메이드 인 차이나' 제품을 볼 수 있었습니다.

중국 경제 성장의 이면을 공룡을 통해 비판하고 고발한 수이지안구오는 인간의 억눌리고 답답한 심정을 표현하기 위해 1997년부터 중국 사회주의 체제의 상징인 인민복을 꺼내들었습니다. 인민복은 1911년 신해혁명 이후 쑨원孫文이 일상생활에 편리하도록 고안해 입었던 국민복을 가리킵니다. 쑨원의 호인 중산中山을 인용해 중산복이라고도 부르죠. 주름이나 장식을 배제한 단순한 디자인으로 실용적이며, 남녀노소 누구나 입을 수 있어 평등사상을 나타내기도 합니다. 윗옷에 네 개의 주머니가 있는데, 이는 예禮, 의義, 염廉, 치恥를 뜻하고, 윗옷에 달린 다섯 개의 단추는 입법, 사법, 행정, 감찰, 고시의 오권분립을 의미합니다. 또한 옷소매에 달린 세 개의 단추는 민생, 민주, 민족의 삼민주의를 나타냅니다.

1929년 중국 국민당에서는 이 옷을 국가 공식 예복으로 지정했습니다. 이후 중국의 모든 국민들은 물론이고 지도자들까지 공식적인 자리에 인민복을 입고 등장했습니다. 북한의 김일성, 김정일에 이어 최근에는 김정은도 인민복을 즐겨 입습니다. 친근하고 소탈한 서민적 이미지를 강조하기 위해서입니다. 하지만 본래 의도와 다르게 인민복은 점점 권위적이고 폐쇄적이며 통제된 사회라는 좋지 않은 인상을 주게 되었죠. 옷만 서민적일뿐 그 옷을 입도록 지시하고 강제하는 사람들이 모두 절대 권력을 휘두르던 공산주의 지도자들이었기 때문입니다. 이에 수이지안구오는 인민복을 소재로 한 작품을 선보이며 중국의 전체주의와 집단주의를 반성하도록 만든 것입니다. 이 또한 위험하기 이를 데 없는 그만의 발상이었습니다.

인민복 중에서도 스탠드칼라가 달린 긴 소매의 박스형 재킷과 바지가 한 벌인 인민복 스타일을 '마오룩Mao Look'이라고 부릅니다. 중화인민공화국 국가주석이었던 마오쩌둥毛澤東의 이름에서 유래한 겁니다. 문화혁명을 일으켜 자신의 권력을 강화하고 국민들을 철저히 통제했던 마오쩌둥은 신화이자 영웅이었습니다. 함부로 건드릴 수 없는 전설적 존재였던 거죠. 그런데 그는 〈잠자는 마오 주석〉이라는 작품을 통해 능청스럽게 마오 주석의 잠자리를 옮겨 놓고는 그를 그저 평범한 한 사람으로만 취급했습니다. 우상을 깨뜨린 거예요. 중국인들이 마오쩌둥에 대해 가지고 있던 환상과 작가 자신이 느껴 왔던 지난날의 콤플렉스를 완전히 풀어헤친 겁니다. 이불을 덮고 고이 잠든 마오쩌둥의 모습을 들여다보면 왠지 안쓰럽기까지 합니다. 그는 더 이상 영웅도 신적 존재도 아닌 고독한 한 노인일 뿐이니까요.

뿐만 아니에요. 그는 과감하게 인민복을 서양 고전 조각 작품에도 입혔습니다. 인민복을 입은 〈그리스의 노예상〉과 〈원반을 던지는 사람〉이 상상이 되시나요? 이 작품들은 2000년 상하이비엔날레에 출품되어 전 세계 관객들을 깜짝 놀라게 했습니다. 그는 실험과 파격의 연장이었지만 사람들은 충격적인 전위 예술로 받아들인 것이죠. 껍질만 남은 인민복은 지나간 시대의 어두운 잔재를 보여주는 그림자입니다. 천하를 호령했던 막강한 권력과 위세가 겨우 허울만 남은 겁니다. 인민복은 중국 현대 사회를 풍자하는 영원한 코드인 셈이죠. 중국 권위주의 체제를 풍자한 그의 블랙유머는 미술계에 큰 충격을 안겨주었습니다.

수이지안구오가 공룡을 통해 표현하고자 했던 영웅적 존재 혹은 인민복을 통해 깨뜨리고자 했던 우상 같은 게 혹시 내 안에도 있을까요? 당신의 마음속 영웅은 무엇인가요? 당신이 깨뜨려야 할 우상 또는 극복해야 할 콤플렉스가 있다면 그게 뭘까요? 그걸 아무렇지 않게 대하거나 훌쩍 넘어설 수 있다면 내 인생은 분명 한 단계 더 성숙해질 겁니다. 오늘밤 잘못하면 티라노사우루스에게 쫓기는 꿈을 꾸게 될지도 모르겠군요. 진땀 좀 흘리겠는데요.

수이지안구오 隋建国, Sui JianGuo

1956년 산둥성 동부 칭다오시에서 태어났다. 본래 추상미술에서 출발했으나 이를 버리고 사회적인 의미를 담는 작업을 시작했다. 그는 사회주의에서 자본주의로 변모해 가는 중국의 현실을 거대자본을 상징하는 공룡과 공산주의의 유산인 인민복을 동원하여 풍자했다. 〈붉은 공룡 시리즈〉와 〈마오 슈트 시리즈〉로 사회주의와 자본주의가 혼재된 중국의 아노미 상태를 고발한 것이다. 뿐만 아니라 그는 서양 고전 조각 작품인 〈그리스의 노예상〉과 〈원반을 던지는 사람〉 등에도 인민복을 입혔다. 이 느닷없는 조각들은 2000년 상하이비엔날레에 출품되어 전 세계 관객들의 눈길을 사로잡았다. 또한 그는 2003년 〈잠자는 마오 주석〉이란 작품으로 중국인들에게 신화이자 영웅인 마오쩌둥을 평범한 사람으로 빚어내기도 했으며, 2004년 부산비엔날레 때는 스테인리스 스틸로 만든 3미터 높이의 대형 인민복 작품을 전시하기도 했다. 현재 베이징 중앙미술학원 조형예술학과 교수로 후진을 양성하고 있다.

여유 있는 아침

아침 식사, 잘 챙겨 드시나요? 바쁜 현대인들 특히 도시에 거주하는 사람들은 출근하랴 등교하랴 아침부터 분주하기 때문에 밥을 제대로 차려 먹기가 쉽지 않습니다. 아예 거르거나 먹더라도 간편하게 허기를 때우는 정도죠. 주말이라고 예외는 아닙니다. 한 주 동안 쌓인 피로를 푸느라 늦잠을 자기 일쑤여서 평일 아침보다 더 잘 먹는 게 어렵습니다. 아침부터 잘 차려서 여유 있게 식사를 하는 모습은 휴양지에서나 가능한 풍경입니다.

하지만 농경 사회에서는 아침밥을 제대로 먹어야 했습니다. 하루 종일 힘든 밭일 논일을 이어가려면 배를 든든히 채워야 했죠. 대신 저녁은 대충 먹고 일찍 잤습니다. 먹을 게 귀하던 시절이니 하루 세끼

류쿵씨, 〈먹는 기쁨이 크다 烤包子〉

를 꼬박꼬박 챙겨 먹기 어려웠습니다. 조반석죽朝飯夕粥, 즉 아침에는 밥을 먹고, 저녁에는 죽을 먹는다는 말은 그래서 생겨났습니다. 서민들의 살림살이가 몹시 곤궁하던 때 이야기입니다. 사실 우리가 하루 삼시세끼를 당연한 듯 챙겨 먹고, 사이사이 간식에 야식까지 풍족하게 먹을 수 있게 된 건 그리 오래되지 않았습니다.

류쿵씨는 길거리에서 아침 식사를 하는 사람들을 화폭에 담았습니다. 정교한 사실화라서 사진을 보는 듯 생생합니다. 젊은 노동자도 보이고, 나이 든 노인도 보이고, 수줍은 표정의 여성도 보이네요. 식사하는 사람들 뒤쪽으로는 길게 늘어선 파라솔 아래 물건을 사고파는 사람들이 있어요. 장터인 것 같군요. 어디선가 왁자지껄한 소리가 들리는 것 같지 않으세요? 그나저나 이들은 뭘 먹고 있는 걸까요? 투박한 도자기에 담긴 건 죽이나 수프 같군요. 쟁반 위에 가득한 것은 갓 구워낸 빵이나 만두처럼 보입니다. 빵이나 만두를 먹고 나서 국물이나 수프를 마시는 사람도 있고, 아예 국물이나 수프에 빵이나 만두를 찍어 먹는 사람도 있네요. 어떤 식으로 먹든 맛있을 것 같습니다. 옆자리에 앉아 함께 먹고 싶군요. 그런데 다들 표정이 굳어 있어요. 즐겁지 않은가 봐요. 빨리 먹고 일을 해야 하기 때문일까요? 하루를 시작하며 오늘은 무슨 일을 할까 생각하면서 마음을 단단히 하는 것처럼 보입니다.

중국 역시 농업 사회에서 산업 사회로 변화하면서 맞벌이 부부가 급증했습니다. 그에 따라 식생활 모습도 많이 달라졌습니다. 이제 중국 사람들 대부분은 아침 식사를 집 밖에서 합니다. 길거리에서 아침밥을 먹는 거죠. 저도 처음에는 길거리에서 파는 음식들이 비위생적이지 않을까 약간 부담스러웠는데, 차츰 익숙해지면서 자연스럽게 어울려 식사를 하게 되었습니다. 그림을 보니 길에서 아침 식사하는 사람들 풍경이 새삼 정겹게 느껴집니다.

중국에서는 아침이 되면 출근하는 어른들과 등교하는 학생들이 식사를 할 수 있게끔 노점상들이 문을 엽니다. KFC 매장에서도 이들을 위해 빵과 죽을 팝니다. 그만큼 중국인들이 꼭 먹어야 하는 아침 음식 중 하나가 죽입니다. 죽은 소화가 잘되고 맛도 좋을뿐더러 뱃속도 든든하게 채워줍니다. 저 역시 중국에 있을 때 아침이 되면 죽과 함께 '요우티아오油條'라는 빵을 요구르트에 찍어 먹는 게 습관이 되었습니다. 요우티아오는 밀가루를 막대 모양으로 기다랗게 만들어 기름에 튀긴 빵의 일종인데, 생김새는 꼬이지 않은 꽈배기를 연상하면 됩니다. 맛은 약간 짭짤하면서 고소하고, 껍질은 바삭하지만 속은 말랑말랑합니다.

그밖에 중국인들은 단팥이나 고기로 소를 넣어 만든 만두인 '바오쯔包子'와 소를 넣지 않고 만들어 주식으로 먹는 찐빵인 '만터우饅頭'를 즐겨 먹습니다. 여러 가지 곡물을 섞은 반죽을 납작한 냄비에 구운 중국 전통 빵 '젠빙煎餠'도 인기입니다. 중국은 워낙 국토가 넓은 나라라 지역마다 약간씩 차이는 있지만 서민들이 아침에 먹는 음식은 대략 이렇습니다.

이들이 먹는 죽은 우리가 먹는 죽과 다릅니다. 팥죽이나 전복죽 등을 연상하면 안 됩니다. 중국인들은 물처럼 아주 맑고 묽은 죽을 쑤어서 그냥 그릇째 들고 마십니다. 숟가락으로 떠먹을 필요가 없습니다. 그러고 보니 그림 속에서도 숟가락과 젓가락이 보이지 않죠? 빵이나 만두는 그냥 손으로 집어서 먹고, 죽은 그릇을 들어서 훌훌 마시는 겁니다. 죽으로 많이 먹는 '더우장豆漿'은 콩을 곱게 갈아 만든 우유와 비슷한 음료입니다. 죽이라고 하기 보다는 국물이라는 편이 나을지도 모릅니다. 그렇게 치면 콩 국물 정도가 적당하겠군요.

지난 2017년 12월 중국을 방문했던 문재인 대통령이 숙소 근처의 한 식당에서 서민들이 자주 먹는 요우티아오와 더우장으로 아침 식사를 했다는 뉴스가 보도된 적 있습니다. 값싸고 맛있는 서민들의 아침 식사, 요우티아오와 더우장은 가장 대표적인 메뉴입니다.

누군가를 위해 요리를 해서 나누어 먹는다는 건 즐거운 일입니다. 인간만이 누릴 수 있는 행복이죠. 실제로도 유쾌하게 사는 사람들 중에는 요리를 즐기는 사람들이 많습니다. 긍정적인 사람도 많고요. 간단하게 먹을 수도 있고, 좀 거하게 차려 먹을 수도 있지만 음식을 만들고 먹는 행위로 인해 내 삶의 시간과 공간 속에 활력이 생기는 겁니다. 아무리 시간이 많고 돈이 있어도 마음에 여유가 없으면 요리를 하지 않습니다. 음식을 나누며 주고받는 대화에는 지나간 날들에 대한 추억과 그리운 사람들에 대한 기억과 당면한 현재의 관심사와 앞으로 닥쳐올 날들에 대한 기대가 전부 녹아 있습니다. 이 모두가 음식과 함께 담겨져 우리의 몸과 마음을 채워줍니다. 살면서 누구나 이 정도의 여유는 가져야 하지 않을까요?

당신의 아침 풍경은 어떠신가요? 일어나서 서둘러 집을 나서기조차 바쁘신가요? 짧은 시간이라도 식구들끼리 한 밥상에 둘러앉아 음식을 나누시나요? 좀 더 일찍 일어나 식구들을 위해 직접 소박한 밥상을 차리시나요? 어느 집이나 아이들은 부족한 잠을 더 자려 하고, 억지로 깨워 밥 좀 먹이려 하면 반찬 투정이나 늘어놓기 마련입니다. 이럴 때는 혹시 아이의 이면에 다른 불만은 없는지 한번 살펴보는 것이 좋습니다. 그리고 먹는 것을 스스로 결정하고 선택하도록 해주는 것이 중요합니다. 적어도 하루 한 끼 정도는 온 식구들이 밥상 앞에 마주앉기로 약속을 해두는 것도 좋겠지요. 자, 오늘 여러분의 아침 풍경은 어떠셨나요?

류쿵씨 刘孔喜, Liu Kongxi
1952년에 출생한 중국의 사실주의 화가다. 정교한 삶의 현장을 매우 섬세한 필치로 화폭에 담아냄으로써 끝없이 존재의 근원에 대해 질문을 던진다. 문화혁명 기간 중에 중국의 수많은 어린 학생들이 시골이나 산골로 보내졌다. 이들을 '시골로 보내진 청소년Sent-Down Youth' 또는 '시아시앙 쯔칭下鄉知青, Xiaxiang Zhiqing'이라고 불렀다. '시아시앙'은 '하향하다', '시골로 가다', '농촌에 가다'라는 뜻이고, '쯔칭'은 지식 청년을 일컫는 말로 중학교나 고등학교를 졸업하고 농촌이나 생산 현장의 노동에 직접 참여했던 젊은이를 가리킨다. 어두운 시절, 시대의 아픔을 온몸으로 껴안은 채 치열한 현실 세계로 들어가 부대끼던 지식 청년들의 삶은 류쿵씨에게 있어 마르지 않는 창작의 원천이 되었다. 쯔칭 스타일의 제복을 입은 어린 소녀는 작가 자신의 젊은 시절에 대한 아련한 회상이기도 하다.

휴가

이제 웨민쥔 그림에 등장하는 남자들이 아무리 입을 크게 벌리고 웃고 있어도 이상하지 않으시죠? 뭐든 자주 보고 많이 접하면 익숙해지는 법이니까요. 그런데 마치 복제된 듯 똑같이 생긴 일곱 명의 남자들이 뭘 하고 있는 걸까요? 앞에 보이는 건 풀장 같습니다. 다들 먼저 뛰어내리라고 앞에 선 남자에게 응원을 보내고 있는 것 같군요. 표정이 심각하다면 압력이나 압박처럼 느껴지겠지만 저렇게 신나게 웃고 있으니 응원이라고 보는 게 낫겠네요.

친구들끼리 모처럼 시간을 내서 단체로 옷도 맞춰 입고 즐거운 휴가를 떠났습니다. 하늘이 푸르른 게 날씨도 참 좋네요. 맛있는 것도 먹고 웃고 떠들다보니 시원한 풀장이 나타났습니다. 친구들끼린데 굳이 수영복으로 다시 갈아입고 올 필요가 없다고 생각했겠죠.

"그래, 그냥 옷 입은 채로 들어가서 물놀이를 즐기자."
"좋아. 그런데 누가 먼저 뛰어들래?"
"우리 내기할까?"
"무슨 내기?"
"가장 멋지게 뛰어든 사람에게 소원권을 주는 게 어때?"
"오늘 저녁 식사비를 면제해 주는 것도 괜찮고."
"자, 아무나 먼저 뛰어들어 보라고!"

이런 대화가 오가지 않았을까요? 더 재미있는 상상을 해보셔도 좋습니다. 친구들끼리의 여행은 가족들과 함께하는 여행과는 또 다른 느낌을 줍니다. 대개 결혼하고 나면 휴가 때 가족들과 여행을 떠나는 게 보통이지만 결혼 전에는 친구들과 여행을 떠나곤 합니다. 물론 결혼 전에라도 사랑하는 사람이 있다면 연인끼리 여행을 떠나겠지요. 인생 전체를 통틀어 누구와 떠나는 여행이 가장 즐거울까요? 아마도 사랑하는 사람과 떠나는 여행이 아닐까요? 그곳이 강이든 바다든 산이든 국내든 해외든 사랑하는 사람과 함께라면 어디든 좋겠지요.

물은 지친 심신에 쉼을 줍니다. 중국에 가면 연못이 꽤 많습니다. 실내 식당에도 작은 연못이 있습니다. 가는 곳마다 잉어들도 많고요.

웨민쥔, 〈뛰어듦 Take the Plunge〉

중국에서 잉어는 안녕, 즉 복을 상징합니다. 저는 어릴 때 집에 있던 동양화 속에서도 물고기를 많이 봤습니다. 자손의 번창을 기원하는 의미도 있지요. 중국을 다니다 보면 자연이 어쩌면 이렇게 무서울 정도로 드넓게 펼쳐져 있을까 생각하게 됩니다. 광활한 대자연을 보면서 동양의 신비감을 느끼곤 하죠. 그러면서 자연으로부터 마음의 평정이랄까 한순간 가슴이 넉넉해지는 심리적 안정을 얻게 됩니다.

저는 새벽에 물안개가 낀 장면을 좋아합니다. 산중에서 잔잔하게 흘러가는 물소리를 듣는 것도 좋아하고요. 뜨거운 물에 몸을 담그고 눈을 맞는 노천 온천도 좋아해요. 뜨거운 물과 찬 공기는 사람의 몸을 편안하게 하면서도 마음은 단단히 만들어주는 효과가 있는 듯합니다. 사람이 많지 않은 대자연 속이라면 어디든 좋습니다. 그런 곳에 있으면 내가 자연이 되고 자연이 내가 된 것 같은 느낌이 듭니다. 도인의 경지까지는 아니더라도 말이에요. 중국에서 마주하는 대자연을 보면 중국 사람들의 기질을 조금은 이해할 수 있을 것 같습니다. 오랜 역사와 광대한 대자연 속에서만 길러지고 키워질 수 있는 그런 대륙 기질 말입니다.

도심 속에서 새벽부터 밤중까지 바쁘게 살다 보면 내가 누구인지조차 잊어버릴 만큼 모든 에너지가 소진될 때가 있습니다. 회사, 사업, 일, 가족, 부모, 자녀, 남편, 아내, 친구 …… 신경 쓰고 챙겨야 할 것들이 너무 많아 머리가 터질 지경입니다. 휴가가 필요한 시기입니다.

쉬어야 할 때입니다. 모든 것을 다 내려놓고 완전히 자신을 비우는 시간이 필요합니다. 사랑하는 사람이나 친한 친구 아니면 혼자서 훌쩍 어디론가 여행을 떠나고 싶으신가요? 그곳이 꼭 스페인의 카미노 데 산티아고가 아니더라도 어디든 내 몸과 마음을 편히 누이고 다시 추스르며 내 안의 또 다른 나를 찾을 수 있는 곳이라면 거기가 바로 내 인생의 산티아고가 아닐까요?

웨민쥔 岳敏君, Yue Minjun

1962년에 태어나 유년기를 베이징에서 보낸 그는 허베이사범대 회화과를 졸업한 뒤 미술 강사로 일했다. 청년 시절 톈안먼 사태를 목격한 이후 현실의 한계를 깊이 인식한 그는 허무와 냉소 그리고 분노와 혐오를 그림으로 표현하기 시작했다. 배반하는 현실을 비웃고, 폭력적인 현실에 눈감는 자아를 표현한 그의 그림을 접한 비평가들은 그를 '냉소적 사실주의자'라고 평했다. 그의 대표작 〈웃음 시리즈〉가 세계적인 주목을 받으면서 2007년 런던 소더비 경매에서 〈처형〉이 590만 달러에 팔려 나갔다. 그의 작품은 대부분 시리즈로 구성되어 있는데 〈웃음 시리즈〉, 〈장면 시리즈〉, 〈미궁 시리즈〉 등이 많이 알려져 있다.

최고의 미인

미녀들이 등장한 그림입니다. 그런데 마냥 아름답다고 느껴지지만은 않습니다. 자세히 보면 약간 괴기스럽기까지 합니다. 화사한 배경에 중국 문자인 한자가 병풍처럼 둘러쳐져 있으며, 한쪽에는 전통 화병에 예쁜 꽃이 담겨져 있습니다. 중국 고유의 전통과 문화가 잘 드러나 있죠. 하지만 여성들은 서구적인 헤어스타일에 야한 드레스를 입고 있습니다. 퇴폐적인 분위기가 물씬 풍겨납니다. 청순미가 묻어나는 중국 전통 여인의 모습과는 거리가 멀죠. 게다가 서 있는 자세도 왠지 불량스럽습니다. 입술에는 새빨간 립스틱을 발랐고, 눈에는 아이라인을 진하게 칠했습니다. 마치 레이저 광선이 뿜어져 나올 듯 강렬한 눈매입니다.

펑정지에, 〈현대 미인의 초상화 The Painting of Modern Beauty 2013 No 02〉

그림 속 배경과 장치와 인물이 조화를 이루지 않습니다. 언밸런스죠. 작가는 왜 이런 방식의 그림을 그린 걸까요? 왜 순수한 아름다움이 아닌 잔혹한 아름다움을 드러낸 걸까요?

중국인들은 자신들의 오랜 역사와 전통 그리고 문화와 예술에 대해 대단한 자부심을 가지고 있습니다. 세계 어느 나라와 비교해도 손색이 없다고 여기죠. 그런데 서구 자본주의와 대중문화가 유입되면서 지극히 짧은 시간 안에 중국의 전통과 문화를 마구 집어삼키며 변질시켰습니다. 이를 도도한 시대적 흐름이자 시류에 따른 당연한 변화로 받아들이는 사람들도 많지만 한편으로 매우 가슴 아파하면서 안타까워하는 사람들도 있습니다. 펑정지에도 그들 중 한 명입니다. 그래서 그는 이렇듯 그로테스크Grotesque, 괴기스럽고 부자연스러우며 흉측하고 우스꽝스러운 것 등을 형용하는 말한 분위기의 미녀들을 등장시킴으로써 자본주의와 대중문화의 범람 속에 '우리는 누구인가?', '중국은 무엇인가?'를 계속해서 묻고 있는 겁니다.

화병에 담긴 꽃은 어떤 꽃일까요? 제 생각에는 아무래도 모란 같습니다. 목단牧丹이라고도 해요. 꽃이 화려해 함부로 대하기 어려운 위엄과 품위를 갖추고 있는 꽃이에요. 그래서 부귀화富貴花라는 이름이 붙여지기도 했답니다. 모란이 중국에서 우리나라로 처음 들어온 것은 신라 진평왕 때로 알려져 있습니다. 5월에 피는 홍자색 꽃은 지름이 15센티미터 이상으로 대단히 풍성합니다.

중국인들은 어떤 미적 기준을 가지고 있을까요? 어떻게 생긴 여성

펑정지에, 〈현대 미인의 초상화 The Painting of Modern Beauty 2013 No 3〉

을 미녀라고 생각할까요? 미에 대한 기준과 미인에 대한 관념은 나라마다 다릅니다. 시대에 따라서도 다르고요.

중국 초나라 시인 굴원屈原의 시에 등장하는 '주순호치朱脣皓齒'는 붉은 입술과 하얀 치아를 가리킵니다. 붉은 입술은 건강함의 상징이자 관능적 매력 포인트로 여겨졌습니다. 붉은 입술 사이로 살짝 드러난 하얀 치아는 입술을 더욱 붉고 촉촉해 보이게 만들어줍니다. 옥지玉指는 옥처럼 아름다운 손가락을, 소비素臂는 희고 가느다란 팔을 뜻합니다. 중국에서는 얼굴에서 점괘를 읽는 관상觀相과 더불어 손을 통해 점괘를 보는 수상手相도 중시했는데, 대체로 손가락이 희고 부드러우면 영리하고, 길고 뾰족하면 지혜롭다고 판단했습니다. 이 모두가 미녀가 갖추어야 할 조건들로 꼽혔습니다. 얼굴만 예쁘다고 미녀가 아니었다는 것이죠. 두루두루 건강하고 모난 데가 없는 여인이라야 미녀 축에 들 수 있었습니다.

원래 타고난 미녀도 있겠지만 잘 가꾸고 꾸미는 불굴의 노력 끝에 미녀의 반열에 들기도 합니다. 그래서 예로부터 여자들을 위한 화장술이 발달했던 거죠. '홍장분식紅粧紛飾'은 얼굴을 희게 칠하고 뺨을 붉게 물들이는 화장술을 일컫습니다. 옛날 여인들은 얼굴에 백분을 바르고 뺨에 빨간 염료를 칠해 아름다움을 드러내고자 했습니다. 하얀 얼굴에 불그스레한 볼은 정숙하고 청순하게 보여 많은 남성들의 마음을 설레게 했습니다. '아미蛾眉'는 누에나방에 붙어 있는 두 개의 더듬이에서 따온 말로 가늘고 길게 굽어진 눈썹을 가리킵니다. 이런 눈썹이 미인의 조건이었습니다. 그 모습이 마치 초승달 같아서 초승달을 아미월이라고 부르기도 했답니다. 푸르스름한 빛을 띤 눈썹을 '청대靑黛'라고 합니다. 주나라 때 여인들 사이에서는 눈썹을 제거하고 그 위에 먹을 이용해 짙고 푸른 색깔의 눈썹을 그리는 것이 유행했다는군요. 여기서 유래한 말인데, 이 역시 미인이 갖추어야 할 요소로 여겨졌습니다.

'운계무환雲髻霧鬟'은 장식을 이용해 구름안개처럼 높게 틀어 얹어 풍성하게 꾸민 머리를 의미합니다. 수나라를 세운 문제文帝의 황후는 매일 아침 머리를 높이 올려 푸른 뱀이 똬리를 튼 모습을 만들어 냈다고 전해옵니다. 여기서 유래한 말이죠. 예나 지금이나 헤어스타일은 미모를 돋보이게도 하고 가리기도 하는 중요한 요소인가 봅니다. '오발선빈烏髮蟬鬢'이라는 말도 있어요. 까마귀의 털과 매미의 날개를 뜻합니다. 검고 윤기 나는 모발과 매미 날개처럼 가늘게 뽑아 빗은 귀밑머리를 가리킵니다. 중국인들은 여인의 검은 머리에 윤기가 흐르고 은은한 향까지 더해지면 미인이라고 인정했습니다. 여기다 가느다랗게 흘러내리는 귀밑머리까지 보이면 가히 금상첨화였던 셈이죠. 위나라 문제文帝가 총애하던 후궁이 자주 하던 머리로 궁중의 다른 여인들이 모방하면서 이 단어가 사용되었다고 합니다.

'명모明眸'는 맑고 아름다운 눈동자를, '류면流眄'은 곁눈질로 살살 눈

펑정지에, 〈현대 미인의 초상화 The Painting of Modern Beauty 2012 No 12(좌), No 11(우)〉

웃음치는 것을 말합니다. 깊고 검은 눈동자는 상대방에게 신뢰감을 주고 매력적으로 보이게 합니다. 이런 눈동자를 가진 여인이 눈웃음을 치면 남자들이 단숨에 마음을 빼앗기고 말겠죠. 아무리 흠잡을 데 없는 얼굴이라도 딱딱하게 굳어 있다면 아무도 다가갈 수 없을 겁니다. 다정다감하게 미소를 머금고 있는 얼굴이야 말로 진정한 미인의 얼굴일 거예요. 청나라 문장가 장조張潮는 미인의 조건으로 꽃처럼 아름다운 얼굴, 새 같이 청아한 목소리, 시를 품은 마음 그리고 버들가지 같은 몸매와 눈처럼 하얀 피부를 꼽았습니다. 여기서 호리호리한 몸매와 하얀 피부를 가리키는 말이 '세요설부細腰雪膚'입니다. 중국 남자들은 유난히 가느다란 허리를 가진 여인들을 좋아했다고 하네요. 초나라 때 영왕靈王 역시 가냘픈 허리를 선호하는 바람에 이 기준에 맞추고자 제대로 음식을 먹지 못한 궁녀들이 많이 굶어 죽었다고 합니다.

과연 이런 기준을 모두 만족시키는 미인이 있을까요? 아마 없을 것 같습니다. 아름다움이란 절대적인 것 같지는 않아요. 시대가 변하고 환경이 바뀌면 아름다움에 대한 기준이나 평가도 달라지게 마련이니까요. 하지만 남보다 아름다워지고자 하는 욕망, 상대방에게 매력적으로 보이고 싶은 욕구는 변함이 없는 것 같습니다. 그래서 각종 성형수술이 만연하고, 다이어트를 권하는 헬스클럽이 번창하며, 뷰티산업이 불황을 모르고 성장하나 봅니다. 우리나라 성형수술 수준이 세계 최고라고 하죠? 중국인들도 성형수술을 하려고 우리나라로 많이 건너옵니다. 관광객들의 필수 코스 중 하나가 한국 화장품 할인 매장에 들르는 거고요.

진정한 아름다움은 내 자신에게서 나오는 사랑하는 마음과 상대방으로부터 받는 나 자신을 향한 사랑이 모아졌을 때 비로소 그 빛을 발하는 게 아닐까요? 세상 모든 사람들로부터 미인 소리를 들은 들 그게 무슨 소용이 있나요? 오직 나만 바라보며 나를 이 세상 최고의 미인이라고 여겨줄 단 한 사람만 있으면 되지 않나요? 길거리에 나가 보세요. 단 한 사람으로부터 최고의 미인으로 여겨지는 사람들이 무수히 많습니다. 당신은 어떠신가요? 오직 나만 바라보며 나를 이 세상 최고의 미인이라고 여겨줄 단 한 사람이 있으신가요? 그러면 된 겁니다.

펑정지에 俸正杰, Feng Zhengjie

1968년 쓰촨성에서 출생해 쓰촨미술학원 미술교육학과를 거쳐 동 대학원 유화과 석사 과정을 마쳤다. 현대 중국의 한 단면을 보여주는 염속주의 미술을 대표하는 작가로 독특한 화풍과 색채를 통해 중국을 넘어 세계적인 주목을 받았다. 베니스비엔날레를 포함한 많은 대형 전시에 참가했으며, 싱가포르 미술관, 방콕 황후 미술관, 뉴욕 틸톤 갤러리, 도쿄 갤러리 등에서 개인전을 가졌다. 국내에서도 개인전을 시작으로 국립현대미술관과 한가람미술관 등의 주요 기획전에 참여한 바 있다. 펑정지에 특유의 색감과 조형어법은 적지 않은 국내 애호가 층을 형성했을 정도로 우리에겐 친숙하다. 현재 베이징과 싱가포르, 제주도 등에서 생활하며 작품 활동을 계속하고 있다.

진실과 허구

몇 년 전 충격적인 영상을 본 적이 있습니다. 능숙하게 라이터로 불을 붙여 멋지게 포즈를 취하며 담배를 피우는 중국 어린이를 촬영한 영상이었습니다. 이제 겨우 네댓 살이나 됨직한 아이였습니다. 한두 번 해본 솜씨가 아니더군요. 그 아이는 자기 동생에게도 담배를 권했습니다. 또 다른 영상에서 어떤 아이는 의자에 앉아 다리까지 꼰 채 능청스럽게 담배 연기를 빨아댔습니다. 이 역시 장난삼아 그냥 한 번 피워 보는 자세가 아니었습니다.

왜 이런 걸까요? 중국은 담배에 관한 한 한없이 관대한 나라입니다. 어딜 가나 담배 피우는 사람들을 목격할 수 있습니다. 식당에서도 거리낌 없이 담배를 피우고, 심지어 승강기 안에서도 담배를 피웁니다.

음식을 먹으면서도 담배를 피워 뭅니다. 음식과 담배 연기를 같이 흡입하는 꼴입니다. 중국에서 한 해 동안 암으로 사망하는 사람이 약 211만 명인데, 그중 폐암으로 사망하는 사람이 약 60만 명이 넘는다고 합니다. 우리나라의 작은 도시 하나가 폐암 때문에 1년에 하나씩 없어지는 셈입니다. 아이들이 있건 없건 상관하지 않습니다. 옆자리에서 여러 사람이 동시에 담배를 폭풍처럼 피우게 되면 주변 사람들은 대단히 괴롭습니다.

중국은 세계에서 담배를 가장 많이 소비하는 나라입니다. 정부에서 금연 홍보에 많은 비용을 투자하기는 하지만 담배 판매로 인한 세금 수입이 워낙 막대한 까닭에 강력하게 추진하지는 못하는 것 같습니다. 그래도 대도시나 중상류층에서는 세계적인 추세에 따라 금연 붐이 일고 있지만 중소도시나 시골 그리고 빈민들이 모여 사는 곳에서는 담배 연기로 하루가 시작되고 담배 연기 속에 하루가 저문다 해도 과언이 아닙니다. 가난한 노동자들의 경우 어른들이 돈벌이를 위해 하루 종일 집을 비우기 일쑤입니다. 따라서 낮에는 아이들만 남아 있는 것이죠. 이 아이들이 어른들 흉내를 내며 담배를 피우는 겁니다. 누가 말릴 수도 없고, 막을 도리도 없습니다. 이 아이들이 어른이 되면 어떻게 될까요? 안타까운 일입니다.

세계적인 설치미술가이자 서예가인 쉬빙은 수십만 개에 달하는 담배를 활용해 여러 설치미술을 완성했습니다. 멀리서 보면 도저히 담배로 만든 작품이라고 믿기지가 않습니다. 하지만 가까이 다가가서 보면 어마어마한 양의 담배를 쌓아 만든 작품입니다. 담배의 양쪽 끝 모양새나 빛깔을 잘 살려 정교하게 설계하면 이 같은 예술품을 만들 수 있습니다. 높은 곳에서 내려다보면 호랑이 가죽으로 만든 양탄자처럼 보입니다. 현실 속의 작은 개체를 통해 이상 속의 거대한 존재를 풍자하며, 뻔한 일상의 오브제를 건드려 알 수 없는 본질적 세계로 나아가는 그만의 방식입니다. 그가 추구하는 것은 생태계의 건강성입니다. 어쩌면 그가 담배를 이용한 작품을 선보이는 것은 중국인들의 건강을 염려한 때문일지도 모릅니다.

그가 주목한 또 하나의 세계는 중국의 문자인 한자漢字입니다. 한자는 뜻글자입니다. 글자 한 자 한 자에 무궁무진한 의미가 담겨 있고, 오묘한 원리와 질서가 내포되어 있습니다. 게다가 한자는 조형적으로도 완성도가 아주 높습니다. 예술가의 창의성에 따라 얼마든지 자유자재로 변형할 수 있다는 이야기입니다. 그런데 그는 완전히 새로운 발상을 했습니다. 한자에서 의미를 걷어낸 겁니다. 문자의 핵심 요소를 제거해 버린 것이죠. 나아가 영문 알파벳과 한자를 융합해 절묘한 예술 세계를 창조해냈습니다. 문자의 의미를 탐구하며 이를 예술적으로 승화시키는 그의 작업은 기호학에 기초하고 있습니다. 기호학記號學, Semiotics이란 사람들이 사용하는 기호를 지배하는 법칙과 기호 사이의 관계를 규명하고, 기호를 통해 의미를 생산하고 해석하며

쉬빙, 〈담배 The Tabacco〉

공유하는 행위와 그 정신적인 과정을 연구하는 학문입니다.

1991년에 완성된 그의 작품 《천서天書, A Book from the Sky》는 이렇게 탄생되었습니다. 직접 고안한 가짜 문자로 목활자 4,000개를 만들고, 그 활자로 인쇄한 책을 전시장에 설치한 겁니다. 빼곡하게 글자가 새겨진 거대한 두루마리를 천장에 기다랗게 내거는 이 설치 작품으로 그는 일약 스타덤에 올랐습니다. 라틴어와 한자가 섞여 있는 이 기묘한 문자는 아무리 해독하려 애를 써도 작가는 물론 세상 그 누구도 읽어낼 도리가 없습니다. 지상의 사람들은 이해할 수 없는 하늘의 언어로 쓰인 책이니까요. 셀 수 없이 많은 한자를 모아 획을 바꾸거나 빼거나 뒤집어서 새로운 가짜 문자를 만들고, 다시 서양의 문자와 조합해서 하나하나 목각으로 판 다음 이를 종이에 찍어내는 고단한 작업을 통해 그는 의미를 상실한 문자, 내용을 빼 버린 언어 자체가 주는 기호로서의 아름다움을 한껏 드러내고자 했습니다.

"의미가 없이 문자가 가진 형상만으로도 충분히 아름다움을 느낄 수 있습니다."

이어서 그는 2012년에 《지서地書, A Book from the Ground》라는 책을 펴냅니다. 《천서》가 아무도 읽을 수 없는 하늘의 문자로 만들어 낸 책이라면, 《지서》는 누구나 읽을 수 있는 지상의 문자로 만들어 낸 책입니다. 이 책은 평범한 직장인 미스터 블랙이 어느 날 오전 7시부터 다음날 오전 7시까지 24시간 동안 겪는 일들을 묘사한 120쪽짜리 얇은 소설입니다. 하지만 책에는 글자가 하나도 없습니다. 대신 어디선가 본 듯한 부호, 기호, 디자인, 로고, 이모티콘, 픽토그램, 아이콘 등이 등장합니다. 쉬빙은 전 세계를 돌며 7년간 수집한 심벌과 기호 2,500여 개를 사용해 책을 썼습니다. 그는 이런 그림들을 '심벌 문자'라고 부릅니다. 엄밀한 의미에서 보자면 문자도 하나의 기호이고 심벌일 뿐입니다. 세계 각국 수많은 사람들이 이용하는 비행기나 공항

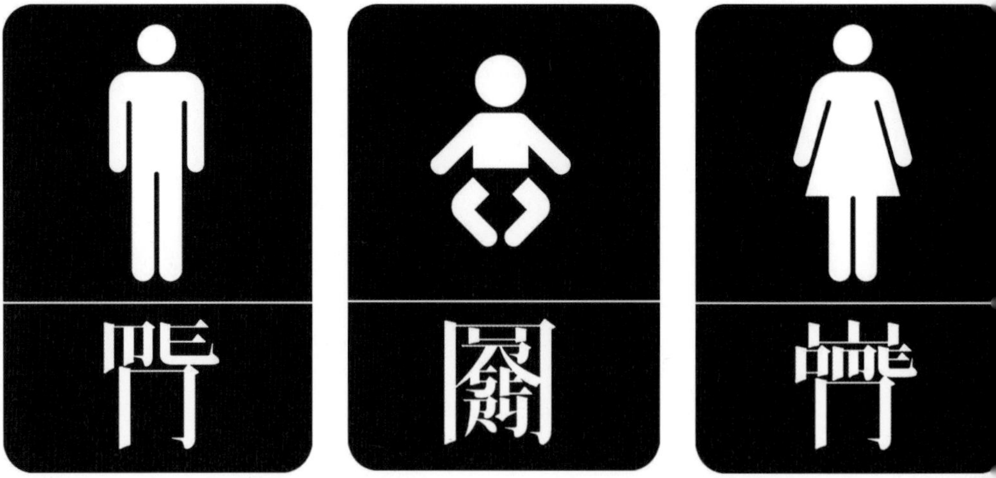

쉬빙, 〈남자 Man〉 (좌) 〈아기방 Nursery〉 (중) 〈여자 Woman〉 (우)

을 보면 만국 공통어라고 할 수 있는 다양한 심벌 문자들이 사용되고 있습니다. 특정 지역의 언어를 몰라도 누구나 알 수 있는 문자인 셈이죠. 이 책은 글자라는 기호를 그림이라는 기호로 대체한 겁니다. 정말 기발하지 않나요? 책은 중국어판, 영어판, 불어판에 이어 한국어판까지 나왔지만 어느 판이건 내용은 다 똑같습니다.

"《지서》를 통해 저는 모든 인간들이 어려움 없이 자유롭게 소통할 수 있다는 꿈을 추구했습니다. 이것은 실현하기에는 너무 큰 종류의 문제입니다. 하지만 중요한 것은 제가 시도했다는 점입니다. …… 이 책을 읽을 수 있는 해석 가능성은 어떤 언어를 쓰고 있느냐에 달려 있

쉬빙, 〈매직 카펫 Magic Carpet〉

지 않을 뿐 아니라 글을 읽을 수 있느냐 없느냐 하는 데에도 달려 있지 않습니다. 다만 당신이 얼마나 동시대의 삶에 깊이 관여되어 살아가느냐에 달려 있습니다."

아무도 읽을 수 없는 《천서》와 누구나 읽을 수 있는 《지서》 사이에는 공통점이 있습니다. 그것은 문자 앞에서는 모두가 평등하다는 사실입니다. 작가는 《천서》를 통해 문자의 과거와 한계를 드러낸 반면 《지서》를 통해 문자의 미래와 이상을 그려냈습니다. 비록 《지서》에 나타난 문자가 추상적이고 형이상학적인 개념을 갖고 있기는 하지만 국적과 지역을 초월한 상호작용과 이에 따른 새로운 소통방식을 제시했다는 점에서 큰 의미가 있습니다. 우리는 문자라는 유형의 언어를 통해 소통하며 살아가지만 문자가 갖는 체계가 과연 진실을 얼마나 반영하고 있는지, 본질을 왜곡하고 그 뜻을 얼마나 쉽게 조작할 수 있는지에 대해서는 깊이 생각하지 않습니다. 그는 자신의 작업을 통해 이를 고발하고 있는 겁니다.

가까이 가면 보이는 것이 멀리서는 보이지 않을 때가 있습니다. 거꾸로 멀리서 보면 보이는 것이 가까이 가면 보이지 않을 때도 있죠. 눈에 보이는 게 다가 아니라는 거예요. 우리가 진실이라 믿고 있는 것이 과연 진실일까요? 눈에 보이는 것 속에서 진실을 찾지만 오히려 그것은 허구일 수 있고, 진실은 눈에 보이지 않는 곳에 있을 수도 있습니다. 쉬빙의 표현을 따르자면 《천서》는 대단히 고상한 문자인 것 같으나 아무도 읽을 수 없는 불통의 언어인 반면 《지서》는 별것 아닌 것처럼 보이지만 누구나 읽을 수 있는 소통의 언어입니다.

지금 당신은 무엇을 바라보고 계신가요? 그것이 진실인가요 아니면 허구인가요? 오늘 하루도 우리는 무수히 많은 말과 글을 주고받으며 살았습니다. 그중 어느 정도가 진실이고 어느 정도가 허구였을까요? 반복되는 일상이 버겁기도 하고 분주하기도 하지만, 그럼에도 불구하고 내 마음속에 나만의 《천서》와 《지서》 하나쯤 만들면서 살아보는 건 어떨까요? 힘들고 우울할 때, 세상에 나 혼자만 남겨진 것 같다고 느낄 때, 그럴 때 가끔씩 꺼내서 읽어볼 수 있게 말이에요. 뭐라고 적혀 있을지, 과연 읽을 수나 있을지 궁금하지 않으세요?

쉬빙 徐冰, Xu Bing

1955년 쓰촨성 충칭시에서 태어나 베이징에서 성장했다. 중앙미술학원 판화과를 졸업하고 동 대학원 석사 과정을 이수했다. 이후 미국으로 이주한 그는 설치미술가이자 서예가로 활동하며 중국을 대표하는 예술가이자 중국 현대 미술의 미래를 가리키는 나침반 같은 존재로 자리매김했다. 그의 작품 중 영문 알파벳을 한자의 형태로 융합한 '신영문서법New English Calligraphy'은 서구 예술계에 큰 반향을 불러일으켰다. 덕분에 그는 미국 문화계의 최고상인 맥아더 어워드를 수상했으며, 컬럼비아대학교에서 명예박사 학위를 받았다. 2008년부터 모교인 중앙미술학원에서 학생들을 가르치고 있는 그는 실제 CC TV 영상을 편집해 만든 영화 〈잠자리의 눈〉을 가지고 제22회 부산국제영화제를 찾기도 했다. 이 파격적인 영화를 통해 그는 "현대인들의 일거수일투족을 속속들이 들여다보고 있는 CC TV 영상이 다들 진실하다고 믿고 있는데, 과연 그것이 진실일까?"라는 질문을 던지고 있다.

당당한 자신감

"미디어는 현실을 이야기하고, 저는 조각을 통해 미디어를 이야기합니다." 왕두는 각종 미디어에 등장하는 다양한 이미지를 차용해서 미디어가 가공하고 왜곡한 현실을 유머러스하게 풍자하는 조각가입니다. 그의 작품은 이미 미디어가 만들어 놓은 틀을 전혀 새로운 방식으로 재현하여 관객들에게 동시대의 현실을 다시금 곱씹어 보게 만듭니다. 그는 조국인 중국을 떠나 프랑스 파리에 거주하며 작업하고 있습니다. 대학을 졸업한 이듬해인 1986년 작은 학교를 빌려 설치 미술 성격을 띤 해프닝 같은 전시를 한 적이 있습니다. 열 명의 무용가들 몸에 페인트를 칠하면서 전통 예술을 반박하는 전시였죠. 이 일로 그는 정부로부터 주목받는 대상이 되었습니다. 이어 1989년 베이징미술관에서 전위적 성격의 컨템퍼러리 아트 그룹전을 개최했어요. 바로 그해 톈안먼 사태가 일어나죠. 그는 곧바로 교도소에 수감됩니다. 하지만 인권옹호 운동을 벌인 프랑스 정부의 도움을 받아 풀려난 뒤 프랑스에 정착했습니다. 본의 아니게 반체제 인사가 되어 정치적 망명을 하게 된 겁니다.

그를 둘러싸고 벌어진 일련의 사건과 처한 환경이 이렇다 보니 미디어를 바라보는 그의 시선 또한 예사롭지가 않습니다. 그는 잡지 속에서 찾아낸 사진이나 기사 혹은 인터넷에서 발견한 정보를 3차원의 입체로 변형시켜 보여줍니다. 즉 2차원의 이미지를 실물 크기의 조각으로 탈바꿈시키는 것이죠. 미디어를 통해 익숙해진 가상의 이미지를 실제 손에 잡히는 물체로 변환해 유채색의 석고 조각으로 만들어 냄으로써 미디어에 대해 예리한 논평을 가하는 겁니다. 이런 의미에서 그는 새로운 형태의 미디어 비평가라고도 할 수 있습니다.

"제게 조각은 정보를 전해주는 표현 수단입니다. 그래서 석고라는 재료가 안성맞춤이죠. 점토로 작품을 만들어 석고를 뜨는 것은 경제적으로 값싸고 시간적으로도 많이 절약되기 때문입니다. 조각을 채색하는 데도 수채화용 물감을 사용하면 빨리 마르고 실용적이에요."

1994년 앤드빌푸아 화랑에서 첫 번째 개인전을 가진 왕두는 당시 파리에 거주하는 중국인들을 위해 발행되는 신문의 기사들을 모아

〈기념물〉이라는 제목으로 글과 이미지를 조각으로 제작해 전시했습니다. 그는 각각의 조각에 이름을 붙였습니다. 그 이름이 참 재미있습니다. 〈같은 껌을 4년 동안 계속해서 씹은 여자〉, 〈결혼을 5~7번이나 한 여자〉 등이었으니까요. 그의 작품들은 대중에게 흥미로움을 유발시키며 대단한 인기를 끌었습니다.

1998년 룩셈부르크 카지노에서 열렸던 한 그룹전에서 그는 잡지에서 추려낸 여러 이미지를 섞어서 묘한 혼성 작품을 선보였습니다. 제목은 〈가족〉이었습니다. 각자가 꿈꾸는 환상 속의 미디어 이미지를 성형수술을 통해 현실로 만든 가족입니다. 지나치게 과장된 가슴을 뽐내는 보디빌딩에 빠진 엄마, 마이클 잭슨의 얼굴로 바꿔 버린 아빠, 외계인처럼 성형수술을 한 딸, 성기가 없어진 아들, 산소마스크를 쓰고 있는 개 등의 조각이 등장합니다. 왜곡된 미디어 이미지에 짓눌려 살아가는 가족의 모습을 이런 방식으로 풍자한 겁니다.

2005년 베니스비엔날레에 소개된 작품은 〈벼룩시장 - 중고 정보의 판매〉였습니다. 벼룩시장에서 물건을 진열대에 올려놓고 판매하듯 테이블 위에 갖가지 뉴스 이미지를 늘어놓고 판매하는 작품입니다. 등장인물은 유엔 회의 도중 하품하고 있는 팔레스타인 해방 기구 의장 아라파트, 기자들의 질문에 답변하는 모니카 르윈스키, 중국의 전 총리 리붕李鵬과 악수하는 프랑스의 시라크 대통령, 스튜어디스의 엉덩

이를 슬쩍 만지는 손 등이었습니다. 그는 자신의 이 같은 기발한 작품들에 대해 어떤 의미를 부여하고 있을까요?

"우리는 수많은 정보망 속에 살고 있어요. 이런 정보망 속에서 우리는 자신을 잃을 수도 있습니다. 저는 미디어가 만들어 놓은 틀을 다시 한 번 보여주면서 현실을 생각하게 합니다. 제 작업에 새로운 창조는 없다고 생각해요. 다만 프로파간다적인 성격이 있죠. 모든 미디어가 그렇듯이 말입니다. 미디어 뒤에 진실은 없습니다. 다만 이권의 문제가 있지요."

자, 그러면 그의 작품을 직접 한번 감상해 볼까요? 어떤 젊은 여성이 몸을 숙인 채 뒤를 돌아보고 있네요. 감청색 원피스를 입고 있는데, 치마가 상당히 짧군요. 속옷이 다 보일 지경입니다. 오래 쳐다보기가 민망합니다. 늘씬한 다리가 고스란히 드러나 있습니다. 머리는 파마해서 길게 늘어뜨리고 있고, 굽이 아주 높은 구두를 신었네요. 얼굴을 보니 대단한 미인이에요. 오뚝한 코, 진한 입술, 감은 듯 뜬 듯 지그시 감은 것처럼 보이는 요염한 눈매…… 뭐 하는 사람일까 궁금해집니다. 그런데 자세히 보니 이 여성의 포즈는 그다지 당당하지도 않고, 어딘지 모르게 다른 사람의 시선을 많이 의식하는 것 같습니다. 잘못된 길을 걷다가 이를 깨닫고 뒤를 돌아보는 것 같기도 합니다. 머리 색상도 현실성 없는 색을 사용했고요. 용기를 내서 이국

왕두, 〈엔터! Enter!〉

적인 멋을 부리거나 새로운 멋을 내기는 했지만 왠지 확신이 없는 표정과 몸짓입니다. 이전에는 하지 않던 걸 처음 시도할 때의 망설임도 보이고요. 자신의 모습이 사람들에게 익숙하고 자연스럽게 보인다면 이렇게 불안한 행동을 하지는 않겠죠.

우리는 늘 타인의 시선을 의식하며 살아갑니다. 남들이 뭐라고 하든지 내 멋대로 막 살 수는 없지만 그렇다고 해서 매사 남들이 어떻게 볼까, 어떻게 생각할까를 신경 쓰며 살아갈 수는 없습니다. 그러면 새로운 시도도 할 수 없고, 뭔가 창의적인 일을 벌이기도 어렵습니다. 항상 불안할 수밖에 없죠. 왕두 역시 본인의 예술 활동으로 인해 숱한 어려움을 겪었기 때문에 뒤돌아보는 불안한 여성상을 통해 자신의 조마조마한 심리를 드러내고 있습니다. 새로운 변화에 대한 사회적 적응은 이처럼 많은 두려움을 낳습니다. 새로운 일을 시작할 때 받는 스트레스는 남녀가 이별할 때 받는 스트레스만큼이나 크다고 합니다. 불안한 마음을 떨쳐버리려면 자기 자신에 대한 믿음으로 당당하게 밀고 나가는 것이 중요합니다. 자신감과 당당함으로 자신을 무장할 때, 비로소 자기 인생의 중요한 문제들을 결정할 수 있습니다.

왕두는 말합니다.
"우리가 미디어를 소모하는 게 아니라 미디어가 우리를 소모합니다."

바야흐로 미디어 홍수 시대입니다. 인간이 만든 미디어에 의해 인간이 감시를 당하고, 삶에 옥죄임을 받는다는 느낌을 지울 수 없습니다. 캐나다의 미디어 전문가이자 문화 비평가였던 허버트 마샬 맥루한의 말처럼 미디어를 있는 그대로 수용하지 말고 차갑게 받아들여야 합니다. 미디어의 영향력이 아무리 크다 해도 내 주관을 가지고 정체성을 지켜가야 합니다. 나에게 내 인생보다 더 소중한 것은 없으니까요. 왕두의 작품을 보면 이런 자신감이 생기지 않나요?

왕두 王度, Wang Du

1956년 부한에서 태어나 광저우대학에서 조각을 전공했다. 그는 1989년 베이징미술관에서 전위적 성격의 컨템퍼러리 아트 그룹전을 열었다가 톈안먼 사태가 터지면서 반체제 인사로 지목되어 교도소에 수감되었다. 그러나 프랑스 정부의 도움으로 9개월 만에 출옥해 정치적 망명지인 파리에 정착하여 미디어와 조각을 연결시키는 입체적인 작품으로 주목을 받았다. 1997년에는 〈움직이는 도시〉 그룹전 등으로 국제 미술계의 호평을 받았으며, 1999년 베니스비엔날레 때는 가장 많은 스포트라이트를 받기도 했다. 왕두의 작품은 텔레비전, 신문, 잡지, 광고 등의 2차원적인 미디어 이미지를 3차원의 조각 형태로 재현해 내는 것이 특징이다. 미국의 전 대통령 빌 클린턴과 모니카 르윈스키를 석고상으로 재탄생시켜 이목을 끌기도 했으며, 김기덕 감독의 2004년 베니스국제영화제 감독상 수상작인 영화 〈빈집〉 의 포스터를 본떠 만든 세 남녀의 조각상을 프랑스 퐁피두 예술문화센터에 전시하기도 했다.

나이테

전시대 위에 화려한 카펫이 깔려 있네요. 무엇으로 만든 건지는 모르겠지만 위용이 대단합니다. 저는 마치 산과 들, 강과 바다 등을 표현한 것처럼 보이네요. 거대한 중국의 영토 또는 대자연을 보는 듯합니다. 그런데 뒤쪽 가운데를 보니 누군가 이불을 덮은 채 자고 있군요. 곤한 잠에 빠져 있는 것 같습니다. 이 작품이 수이지안구오가 만든 거라는 사실을 떠올리면 자고 있는 사람이 누군지 쉽게 짐작하실 수 있겠죠? 네, 마오쩌둥입니다. 혁명을 통해 지금의 중국을 건설한 인물, 무소불위의 권력을 휘두르며 한 국가를 전체주의로 몰고 간 독재자, 예술가를 체제 선전의 도구로밖에 여기지 않았던 희대의 폭군, 그럼에도 불구하고 여전히 중국인들 가슴속에는 위대한 중국을 만든

수이지안구오, 〈이성적인 깊은 잠 理想的沉睡〉

신화이자 영웅으로 남아 있는 지도자, 그가 바로 마오쩌둥입니다. 그런 사람이 이불을 펴놓고 태평스럽게 단잠을 즐기고 있는 겁니다. 카펫으로 표현된 거대한 중국을 자신의 몸 아래 깔고서 말이죠.

다음에 나오는 작품 제목은 〈극殛〉입니다. '죽이다' 또는 '사형에 처하다' 이런 뜻입니다. 고무로 된 넓고 긴 줄을 동그란 모양새로 꼬아 두었습니다. 살벌한 제목에 비하면 작품은 그렇게 무섭다는 느낌이 들지 않습니다. 언뜻 보면 나무를 잘랐을 때 나타나는 나이테처럼 보이기도 합니다. 그런데 작가는 왜 이 작품의 제목에 그토록 무서운 낱말을 갖다 붙인 걸까요? 그것이 무엇이든 이렇게 꽁꽁 옭아맨다면 그 안에 든 사람은 죽은 거나 마찬가지겠죠. 당장 숨이 끊어지든 한참을 고통스럽게 견디다가 숨이 끊어지든 사람을 숨도 못 쉬게 묶어 버리면 살 길이 없습니다. 작가는 그걸 표현한 것 같습니다. 우리를 숨도 못 쉬게 만드는 요소들은 의외로 많습니다. 정치, 경제, 문화 요인 등……. 수이지안구오가 꿈꾸는 세상은 이런 온갖 올무들이 다 끊어져 비로소 자유로이 숨 쉴 수 있는 세상입니다.

잠과 죽음은 사실 종이 한 장 차이입니다. 잠자는 동안에는 먹지도 마시지도 않습니다. 일을 하거나 말을 하지도 않습니다. 죽은 듯 누워서 잠에 빠져 있을 뿐입니다. 죽음도 마찬가지죠. 주검은 더 이상 먹지도 마시지도 못합니다. 일을 하거나 말을 할 수도 없습니다. 시체

수이지안구오, 〈극殛〉

는 죽었을 때 모습 그대로 누워 있을 뿐입니다. 잠자는 사람과 죽은 사람의 차이는 뭘까요? 네, 숨을 쉬느냐, 쉬지 않느냐 하는 겁니다. 코끝에서 호흡이 멈추면 죽은 것이고, 여전히 코끝에서 호흡이 진행되면 잠자는 겁니다. 저녁때 이불을 덮고 누웠다가 아침에 일어나지 못하면 삶이 끝난 겁니다. 반면 저녁때 이불을 덮고 누웠다가 아침에 잘 잤다면서 개운하게 일어나면 삶이 계속되는 겁니다. 사는 것과 죽는 것이 이처럼 작은 차이라는 거죠.

제 아무리 막강한 권력을 가진 사람이라 하더라도, 제 아무리 엄청난 재산을 소유한 사람이라 하더라도 잠잘 때 보면 다 똑같습니다. 측은하고 애틋한 마음이 듭니다. 자신이 가진 것을 움켜쥐고 놓지 않으려 발버둥을 치며 살아가지만, 수많은 사람들 앞에서 큰소리치면서 세상을 홀로 쥐락펴락하는 양 살아가지만, 밤이 되면 모든 것을 내려놓고 겨우 이불 한 조각에 몸을 의지해 누울 수밖에 없으니까요. 그가 내일 아침 같은 모습으로 새로운 태양을 맞이하게 되리라는 보장은 없습니다. 신이 아닌 이상 그 누구도 그의 내일을 보장해 줄 수 없습니다. 그래선지 이 두 작품은 전혀 다른 재료를 사용해 각기 다른 주제를 표현하고 있음에도 불구하고 매우 닮아 있습니다. 잠자리에 드는 것과 죽음을 맞는 것 말이에요.

나이를 먹는다는 게 뭘까요? 사람에게도 나이테 같은 게 있을까요? 나이테는 나무를 가로로 잘랐을 때 드러나는 동심원 모양의 테입니다. 한 해에 한 개씩 생기기 때문에 나이테로 나무의 나이를 알 수 있습니다. 또 나이테의 간격을 보면 어느 해에 나무가 잘 자랐는지, 어느 해에 나무가 자라기 어려웠는지도 알 수 있어요. 나이테의 간격이 넓으면 비가 알맞게 오고, 기온도 적당히 따뜻하며, 땅속에 영양분이 풍부해 세포들이 많이 불어나 잘 자랐다는 뜻입니다. 반대로 나이테의 간격이 좁다면 그해에는 나무가 자라기 힘들었다는 뜻이지요.

쌍떡잎식물은 물관과 체관 사이에 부름켜가 있어요. 부름켜에서 세포들이 자꾸자꾸 분열하죠. 세포가 쪼개지고 또 쪼개져서 수가 계속 불어나면서 나무줄기가 점점 굵어지는 거랍니다. 봄에는 부름켜의 세포들이 왕성하게 분열합니다. 세포벽도 얇아서 부름켜 세포들이 부드럽고 크고 연하게 보입니다. 하지만 여름과 가을이 지나 겨울이 다가오면 부름켜의 세포들은 겨울을 지낼 준비를 하지요. 세포가 천천히 자라고 분열하는 속도도 느려집니다. 당연히 세포의 크기는 작아지고 세포벽이 두꺼워지며 색깔도 짙어지지요. 그래서 다음해 봄에 나무가 다시 자라고 줄기가 굵어지면 지난해 가을에 자란 부분과 구별이 된답니다. 이렇게 봄과 가을에 부름켜가 자란 모습이 번갈아 다르게 나타나는 까닭에 나무줄기에 나이테가 생기는 거예요. 일 년 내내 나무가 똑같은 속도로 자란다면 나이테는 생기지 않겠죠. 봄, 여름, 가을, 겨울 따로 없이 사시사철 더운 열대 지방에서 자라는 나무는 나이테가 없어요.

지금 내 나이테를 들여다볼 수 있다면 어떤 모양일까요? 두껍고 짙은 색일까요? 아니면 얇고 연한 색일까요? 잠들어 있는 내 모습을 내가 들여다볼 수 있다면 어떤 모습일까요? 편안하고 안락한 모습일까요? 아니면 불안하고 초조한 모습일까요? 하루하루 내게 주어진 시간들은 결코 우연히 거저 주어진 게 아닙니다. 보기 좋은 나이테를 만들기 위해, 편안한 모습으로 잠자리에 들기 위해 치열하고 의미 있게 사용해야 할 소중한 생명의 단락들입니다. 내가 알지 못하는 또 다른 나의 모습이 현재의 내 모습보다 더 멋지고 가치 있었으면 하고 바라시나요? 그렇다면 지금의 나를 더 많이 사랑하고 더 많이 아끼고 더 많이 가꿔야 합니다. 그런 시간들이 켜켜이 쌓이면 내 나이테는 아주 근사한 모습으로 자라 있을 겁니다.

수이지안구오 隋建国, Sui JianGuo

1956년 산둥성 동부 칭다오시에서 태어났다. 본래 추상미술에서 출발했으나 이를 버리고 사회적인 의미를 담는 작업을 시작했다. 그는 사회주의에서 자본주의로 변모해 가는 중국의 현실을 거대 자본을 상징하는 공룡과 공산주의의 유산인 인민복을 동원하여 풍자했다. 〈붉은 공룡 시리즈〉, 〈마오 슈트 시리즈〉로 사회주의와 자본주의가 혼재된 중국의 아노미 상태를 고발한 것이다. 뿐만 아니라 그는 서양 고전 조각 작품인 〈그리스의 노예상〉, 〈원반을 던지는 사람〉 등에도 인민복을 입혔다. 이 느닷없는 조각들은 2000년 상하이비엔날레에 출품되어 전 세계 관객들의 눈길을 사로잡았다. 또한 그는 2003년 〈잠자는 마오 주석〉이란 작품으로 중국인들에게 신화이자 영웅인 마오쩌둥을 평범한 사람으로 빚어내기도 했으며, 2004년 부산비엔날레 때는 스테인리스 스틸로 만든 3미터 높이의 대형 인민복 작품을 전시하기도 했다. 현재 베이징 중앙미술학원 조형예술학과 교수로 후진을 양성하고 있다.

궁지에 몰리다

그림을 보며 소리 없는 함성을 느껴보시기 바랍니다. 직접 들리지는 않지만 뭔가 우리의 마음을 울리면서 마음속에 담아둔 응어리를 토해내는 기분이 들어 속이 시원해지는 것 같지 않나요? 마치 진시황의 용병들이 다시 깨어난 것 같은 느낌이 듭니다. 진시황의 거대한 묘는 시안에 있습니다. 뤄여왕 작가는 시안 출신입니다. 그의 작품들은 크기도 하지만 여러 개가 군집을 이루어 설치되어 있습니다. 웅장함과 힘을 느끼게 하는 조각들이 많습니다. 그는 중국 사회에 존재하는 베이징 출신의 우월감, 여러 예술 계보들, 어린 나이 등으로 인해 많은 외로움을 느꼈습니다. 아울러 사회적으로 약한 자신의 모습을 보면

루뤄왕, 〈늑대가 나타났다 狼來了〉

서 유인원, 늑대, 용병의 무리 등 힘 있는 큰 작품들을 표현함으로써 이를 심리적으로 극복할 수 있었습니다. 진시황의 묘에서 다시 깨어난 것과 같은 용병들을 볼 수 있었던 거죠. 그래서 그의 작품에서는 해학과 힘이 동시에 느껴집니다. 그들의 목소리가 계속해서 들리는 것도 같고요. 함께 외치는 목소리의 힘은 강합니다. 정치인은 국민의 목소리 무서운 줄 알고 들을 줄 알아야 하며, 기업은 소비자의 목소리 무서운 줄 알아야 하고, 연예인들은 대중의 목소리 무서운 줄 알아야 합니다. 한 사람의 목소리는 지치기 쉽습니다. 그러나 함께 외쳐 줄 때 힘이 되고 변화가 일어날 것입니다.

뤼여왕의 작품은 오랫동안 베이징 798거리에서 볼 수 있었습니다. 특히 이 작품은 페이스 갤러리가 있는 작은 광장에서 볼 수 있었습니다. 아이들은 타고 놀고 관광객들은 그 규모 앞에 놀라곤 했습니다. 봄에서 가을까지는 이런 분위기에 별 차이가 없어 보입니다. 그러나 겨울이 되어 작품 일부에 눈이 쌓이면 이 조각이 갖는 아우라가 가슴에 와닿아 큰 아픔을 느끼기도 하고, 때로는 거대한 힘을 느끼기도 합니다. 마치 어느 게임이나 영화에서 볼 수 있는 장면처럼 말이에요. 수많은 늑대들이 한 사람을 노려보는 듯한 이 장면은 보는 이로 하여금 으스스한 긴장감을 갖게 합니다. 이 늑대들은 우리가 살아가면서 느끼는 스트레스일 수 있습니다. 그래도 한 놈씩 다가온다면 조금 쉽게 싸워 볼 만할 텐데 극한상황에서의 스트레스는 한꺼번에 몰려오기 때문에 싸워 보기도 전에 힘이 빠지고 불안과 좌절을 안겨 줍니다. 우리를 극심한 궁지에 몰리게 만듭니다.

그러나 약함과 결핍이라는 스트레스를 이겨내는 것은 우리 인생에 큰 변화를 가져다줍니다. 나를 바라보는 시선들, 나를 넘어뜨리려는 계략들, 온갖 소문들. 이런 게 모두 이런 늑대들이겠지요. 묵묵히 몸과 마음에 힘을 모으세요. 집중하시길 바랍니다. "정신일도 하사불성 情神一到 何事不成, 정신을 집중하면 못할 일이 없다." 제가 중학생일 때 아버님께서

루뤄왕, 〈동방홍 東方紅〉

루뤄왕, 〈원죄 原罪〉

해주셨던 말씀이 생각납니다. 누구나 인생에 한 번 이상은 이 작품 속 장면과 같은 일을 겪게 될 수 있습니다. 용기를 내어 정면을 직시하며 집중한다면 이겨낼 수 있습니다.

유인원 작품은 자세히 보면 하나하나 표정과 손동작이 다릅니다. 색상도 검은색 계통이어서 작품들 사이에 서 있으면 마치 원시림에 유인원과 같이 있는 착각에 빠집니다. 분위기와 무게감에 압도당하기도 합니다. 뤼여왕 작가는 어릴 때 자연의 충만함과 신비로움을 경험하면서 자랐습니다. 마을 뒤에는 황하 강이 흐르고, 겨울이면 눈이 많이 쌓이며, 계절마다 햇살의 따사로움이 숲을 가득 비추는 것을 경험했다고 합니다. 교회의 모습과 종소리는 어린 작가에게 신과 자연의 경이로움까지 느끼게 해주었을 것입니다. 그래서 이 작품을 볼 때면 자연 앞에 서 있는 인간 본연의 모습을 표현한 작가의 마음이 느껴집니다. 한국을 방문했을 때도 시골을 가보고 싶다고 했습니다. 지금 힘이 들건 아니건 사람은 누구나 회귀본능이 있습니다. 내 무의식 가운데 남아있는 어린 시절의 아름다운 추억과 삶의 소재들. 이러한 것들은 우리에게 편안하게 쉴 수 있는 마음의 쉼터를 제공합니다. 지금 나의 유인원이 쉴 곳은 어디입니까?

루뤄왕 刘若望 Liu Ruowang

1977년 중국 산시성 지아 현에서 태어났다. 2005년 베이징 중앙미술학교를 졸업했으며, 가장 유명한 시리즈 중 하나인 〈산수 & 바다 高山流水〉가 중앙미술원에서 열린 〈아카데미 라이트 오브 아카데미〉 전시회에 선정되어 뛰어난 업적에 대한 영예를 안았다. 그가 태어난 산시성은 고대 중국에서 일어난 역사적 사건들의 현장이었기에 자라면서 영향을 받았다. 루뤄왕의 작품에서 나타나는 생명력은 그 위대함을 감추고 있다. 우리 어디서 왔는가? 어디로 갈 것인가? 우리는 어떻게 우리의 영혼을 구해야 할까? 이 질문들은 모두 루뤄왕의 작품 속에 풍부하게 담겨 있다. 그는 환상적인 구성으로 현대 미술의 이미지를 확립하고 역사와 우리 사이의 관계를 회복하고자 한다..

4부

세상의 마음

"세상이 만만치 않습니다. 흔들리는 마음을 다잡고,
자그마한 사랑의 씨앗 하나 뿌려 놓은 뒤, 또 다른 나를
발견하기 위해 달음질하려 해도 세상이라는
거친 파도를 헤쳐 나가기 여간 버거운 게 아닙니다.
내 마음 같지 않은세상. 보듬어야 할 대상일까요, 아니면
싸워 이겨야 할 대상일까요? 세상의 마음은 어떤 걸까요?"

두려움의 극복

따뜻한 물로 샤워를 하거나 욕조에 뜨거운 물을 받아 몸을 담갔다 나오면 욕실 거울에 김이 잔뜩 껴서 앞이 보이지 않습니다. 아무것도 비치지 않는 거울. 답답한 느낌이 들죠. 손으로 거울을 닦아 김을 제거하면 손이 닿은 만큼만 투명해져서 얼굴이 보입니다. 수건으로 거울을 다 닦아내면 욕실 안 풍경이 고스란히 보이겠죠. 자동차를 타고 갈 때도 비슷한 경험이 있습니다. 히터를 틀어 차 안은 따뜻한데, 밖의 온도가 차가울 경우 차장에 김이 서립니다. 그럴 때도 손으로 창문을 닦으면 그만큼만 세상 밖이 드러나 보입니다. 비 오는 날 버스나 기차를 타도 역시 창밖이 보이지 않습니다. 창마다 김이 서려 있기 때문이죠. 손수건이나 휴지를 꺼내 내가 앉은 자리에서 볼 수

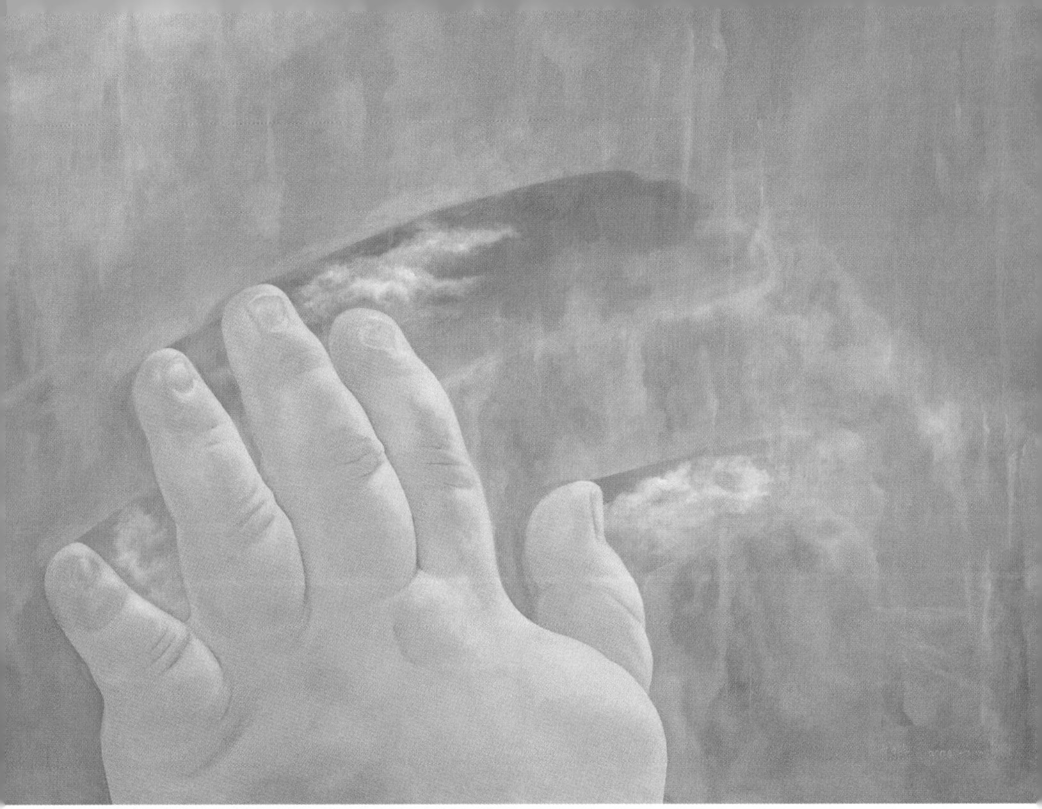

팡리쥔, 〈손 Hand〉

있을 정도만 닦아내면 비로소 거리 풍경이 눈에 들어옵니다. 그 작은 공간 너머로 바라다 보이는 세상이 참 아름다웠던 적이 많습니다.

창문은 내가 속해 있는 세계와 다른 바깥세상을 볼 수 있게 해줍니다. 김이 서려 있거나 서리가 껴 있지 않는 한 투명한 창문은 이쪽 세상과 저쪽 세상을 모두 환하게 드러나게 합니다. 하지만 김이 서려 있거나 서리가 껴 있어 보고 싶은 데도 볼 수 없다면 어떤 방법으로든 이를 닦아내야만 하겠죠. 팡리쥔은 그런 상황을 그림에 담아냈습니다. 뿌옇던 김을 제거했더니 파란 하늘이 드러났네요. 흰 구름이 둥실둥실 떠다닙니다. 참 청명한 날씨군요. 그런데 창문에서 김을 닦아내는 손이 아주 포동포동합니다. 어린아이의 앙증맞은 손입니다. 화가는 왜 하필 어린아이의 손을 등장시킨 걸까요? 이 아이는 뭘 하다가 창에 서린 김을 혼자 닦고 있는 걸까요? 무엇이 보고 싶어서, 뭐가 궁금해서 손으로 창을 닦는 걸까요?

창은 묘한 존재입니다. 안에서는 밖을 마음껏 내다볼 수 있고, 밖에서는 안을 자세히 들여다볼 수 있습니다. 안에 있는 사람이 바깥이 궁금하면 창으로 시선을 돌려야 합니다. 밖에 있는 사람이 안쪽이 궁금하면 창을 기웃거려야 하고요. 모차르트의 오페라 '돈 조반니'에서 주인공 돈 조반니가 아름다운 여인을 유혹하기 위해 만돌린 반주에 맞춰 애절하게 노래하는 장면이 나옵니다. 세레나데의 전형이죠. 연인의 창가에서 악기를 연주하며 부르는 낭만적인 사랑 노래를 세레나데라고 합니다. 보고 싶은 연인을 볼 수 없도록 차단하고 있는 것도 창문이지만 그토록 보고 싶던 연인을 마침내 볼 수 있는 것도 창문을 통해서입니다.

"오, 사랑하는 그대여! 창가로 와주오. 여기 와서 내 슬픔을 없애주오. 내 괴로운 마음 몰라주면 그대가 보는 앞에서 내 목숨이라도 끊으리니……."

바람둥이다운 달콤한 가사입니다. 누군가 창가에서 이런 세레나데를 부른다면 여인은 과연 창문을 열까요? 이렇게 닫힌 듯 열려 있고, 차단된 것 같으면서도 소통의 창구가 되는 것이 바로 창문이에요. 정말 알쏭달쏭한 존재죠. 그렇기 때문에 외부 세계를 보기 위해 김이 서리거나 성에가 낀 창문을 닦아내려면 자기 자신 역시 온전히 드러낼 수 있는 용기가 필요한 겁니다. 나만 밖을 볼 수 있는 게 아니라 남들도 안을 볼 수 있는 거니까요. 창가에 서서 사랑하는 여인을 위해 세레나데를 부르면 보고 싶은 연인이 창문을 열고 모습을 드러낼 수도 있지만 호랑이 같은 연인의 아버지 혹은 오빠가 나타나 치도곤을 당할 수도 있습니다. 이를 기꺼이 감수할 수 있는 용기와 두려움을 극복할 수 있는 마음이 있어야 합니다.

중국어에 "티엔나天哪!"라는 말이 있습니다. "어머나!", "맙소사!", "오, 하느님!" 이런 뜻을 가진 감탄사입니다. 그림 속 아이가 바깥세상을 더 많이 보려면 차가운 성에나 서리 그리고 여기게 달라붙은 먼지들을 걷어내야 합니다. 그런 다음 깨끗해진 창 너머로 환하게 펼쳐진 다른 세계를 보게 되면 "티엔나!"라고 소리치며 놀라워하겠지요. 반면 작은 손으로 창문을 닦으면 닦을수록 안에 있는 내 모습도 더 적나라하게 세상 밖으로 드러날 겁니다. 이런 두려움을 극복하고 노력한 만큼 새로운 세상을 더 많이 볼 수 있게 되는 것이죠. 우리의 삶도 마찬가지입니다. 새로운 환경을 경험한다는 것, 새로운 세상 속으로 나를 드러낸다는 것은 항상 두려움이 앞서는 일이에요. 그러나 이런 수고와 도전이 없다면 창문에 서린 김이나 서리는 영원히 지워지지 않겠죠. 수고와 도전에 대한 두려움을 극복하는 것이 '세상의 중심이 되는 나'를 만들 수 있는 길입니다. 지금 당신의 창문은 어떤가요? 투명하게 바깥세상을 볼 수 있나요? 아니면 김과 서리가 뿌옇게 서려 있어 아무것도 보이지가 않나요?

팡리쥔 方立鈞, Fang Lijun

1963년 허베이성에서 태어나 중앙미술학원 판화과를 졸업했다. 장샤오강, 웨민쥔, 왕광이 등과 함께 냉소적 사실주의를 대표하는 그는 중국 현대 미술의 사대천왕 중 한 명으로 거론된다. 그의 작품 속에 나타난 무심한 표정의 다양한 인물들은 어린 시절 문화혁명을 겪고, 청년 시절 톈안먼 사태를 경험한 중국의 후89세대를 대표하는 아이콘이 되었다. 세계 유수의 미술관과 화랑에서 개인전을 했으며, 베니스비엔날레를 시작으로 상파울로비엔날레, 광주비엔날레, 모스크바비엔날레, 광주트리엔날레 등 수많은 주요 국제 전시에 참가했다. 현재 베이징을 비롯해 따리, 청두, 징더전, 홍콩에 작업실을 두고 활동 중이다.

광장의 심리

어느 나라나 국민 대다수가 공감하는 역사적 의미를 지닌 장소가 있습니다. 중국인들에게는 톈안먼 광장이 그런 곳입니다. 예술가들에게는 특히나 더 그렇습니다. 예술이란 어떤 분야든지 자유분방함에 기초한 무한한 창조의 세계이기 때문입니다. 톈안먼 광장은 자유와 인권의 상징인 동시에 가슴 한편을 짓누르고 있는 일종의 부채 같은 건지도 모릅니다.

장샤오강에게 있어서도 톈안먼 광장은 극복의 대상인 동시에 성취의 대상입니다. 그래서 그는 같은 장면을 여러 번 그렸습니다. 1989년 톈안먼 사태가 벌어진 지 얼마 되지 않았을 때 톈안먼 광장을 화폭에 담은 이후 유럽에서 서양 미술에 심취해 돌아와서 톈안먼 광장

장샤오강, 〈톈안먼 天安門〉

을 그리기까지 모두 세 번이나 같은 그림을 그렸습니다. 세월이 흐르는 동안 똑같은 인물이나 대상을 여러 번 그리는 경우는 외국 화가들에게도 많이 있는 일입니다. 그림 속 장소는 세 작품 모두 동일하지만 정서나 의미에서는 각각 차이가 있습니다. 어떤 그림은 톈안먼이 노란색으로, 어떤 그림에서는 빨간색으로, 또 어떤 그림은 파란색으로 묘사되어 있습니다.

"톈안먼은 중국인에게 복잡한 개념의 대상이에요. 제 연령대 중국 사람들은 톈안먼을 전통적인 중국의 건축물이라기보다 우리와 함께 성장한 역사라고 생각해요. 유럽에서 돌아와 톈안먼을 다시 봤을 때 제가 톈안먼 아래 살아가는 중국 사람이라는 자각을 하게 되었습니다. 제 또래 중국인들은 최근 100년 역사 중 가장 많은 일이 일어난 시기를 살았죠. 제 작품에서도 30년 동안 개인이 겪은 역사를 다 볼 수 있어요. 예술가로서 겪는 생활과 저는 분리된 게 아니라 일체여서 제게 과거, 현재, 미래는 구분이 없고 모두 같은 것입니다."

그는 2014년 가을 대구미술관에서 열린 회고전을 앞두고 한국 기자와 가진 인터뷰에서 이렇게 말했습니다. 당시 그는 1993년에 그렸던 〈톈안먼 NO 2〉를 전시하기도 했습니다. 톈안먼은 청나라 황성의 남면 정문을 가리킵니다. 명나라 때인 1417년에 착공해 1420년에 완공했지만 1457년 화재로 훼손되었죠. 1465년 재건된 이 문은 1644

년 농민봉기군의 공격으로 다시 소실되었습니다. 그 뒤 1651년에 복구되면서 이름을 톈안먼이라고 바꾸었습니다. 마오쩌둥은 톈안먼 누각 위에서 중화인민공화국의 성립을 선포했습니다. 이후 문 중앙에 마오쩌둥의 대형 초상화가 걸렸고, 양옆에는 '중화인민공화국만세', '세계인민대단결만세'라고 새겨진 현판이 걸리게 되었죠. 톈안먼과 그 앞으로 펼쳐진 광장은 다섯 개의 흰 대리석 다리로 연결되어 있어요. 1958년 확장 공사를 거치면서 동서 500미터, 남북 880미터, 총 면적 44만 제곱미터의 세계 최대 광장으로 변모했습니다. 국가적인 큰 행사 때는 반드시 이 문을 사용했습니다. 1919년 5·4 운동 이래 굵직한 사건들이 이어짐으로써 중국 근현대사의 상징적 장소가 되었습니다. 매일 동틀 무렵과 해질녘에는 국기 게양식과 강하식이 치러지는데, 이를 보기 위해 수많은 사람들이 모여들어 광장 주변이 인산인해를 이루곤 하죠.

장샤오강이 '역사'와 '진실'이라는 시각으로 톈안먼 광장을 들여다봤다면 팡리쥔은 '해학'과 '풍자'라는 잣대로 톈안먼 광장을 재해석했습니다. 장샤오강 그림 속에서 톈안먼은 아무리 웅장하고 화려하며 황제의 위용과 자태를 두루 갖추었다 하더라도 죽음과 몰락이라는 어두운 이미지를 결코 벗어 던질 수 없는 반면 팡리쥔 그림 속에서 톈안먼은 수많은 물고기들이 헤엄치는 물속 세상이 되었다가 오색찬란한 새들이 자유로이 날아다니는 드넓은 창공이 되기도 하면서 부활과 해방을 노래합니다. 장샤오강이 현실의 벽 앞에 꽁꽁 묶여 있다면 팡리쥔은 이를 훌쩍 뛰어넘어 미래의 가상공간을 유유자적하는 겁니다. 각양각색의 물고기들은 현란한 솜씨로 물속을 휘저으며 어디를 향해 가는 걸까요? 신화 속에나 나올 법한 아름다운 새들은 화려한 날갯짓으로 어디를 향해 나는 걸까요? 그곳은 팡리쥔이 오랫동안 꿈꾸던 초월적인 세계가 아닐까요? 톈안먼을 통해서는 다다를 수 없는 그런 세계 말이에요.

우리에게도 광장이 있었습니다. 지금은 고층 빌딩들이 늘어선 여의도 국회의사당 앞에 드넓은 광장이 있었어요. 1990년대까지만 해도 여의도 광장에서 많은 행사들이 이어졌죠. 국군의 날 퍼레이드도 열렸고, 천주교와 개신교에서 주최하는 대규모 집회도 있었으며, 대형 산업 전람회 같은 행사도 치러졌습니다. 현재는 서울 한복판에 광화문 광장과 시청 광장이 있습니다. 톈안먼 광장처럼 큰 규모는 아니지만 각종 집회와 다양한 행사가 쉴 새 없이 진행되는 곳입니다. 2016년 겨울, 이 두 곳 광장이 하나로 연결되며 수많은 시민들이 참여하는 촛불 집회가 열렸습니다. 이 소식은 전 세계 매스컴을 탔고, 중국 방송에서도 관심 있게 보도했습니다. 무려 100만 명가량의 국민들이 매주 한 광장에 모인다고 하니까 모두들 놀라워했습니다. 제가 촛불 집회에 참석하기 위해 한국으로 돌아가겠다고 했더니 그렇게 하라면서도 대단히 흥미로워했습니다. 마치 일제강점기 때 독립 운동을 하려고 떠나는 사람처럼 너무 비장한 표정으로 말을 했나 봐요. 놀라면서도 부러워하는 기색이 역력했습니다.

얼마 전 중국에 갔던 날은 비가 내렸습니다. 늦게 지방에서 오신 교수님이 야경 투어를 하자고 했습니다. '비 오는 날 야경을?' 의아하게 생각했지만 그날 저는 비 오는 톈안먼 광장과 거리의 야경을 감상하며 새로운 시각을 갖게 되었습니다. 낮에는 사람들만 보였는데, 비 내리는 밤에 보니 수많은 생각들이 밀려들었습니다. 저절로 사색에 빠지게 되더군요. 거리의 불빛과 화려함에 취하지 않고, 현재 시점에서 중국을 객관적으로 바라보게 되었습니다.

광장은 거리의 중심입니다. 이곳에서는 누구든 적극적으로 자신의 의사를 표현할 수 있습니다. 광장으로 나오면 수많은 동지들이 나와 함께할 수 있습니다. 나만 홀로 외롭게 투쟁하는 게 아니라 같이 모여 서로 의지하면서 한 목소리를 낼 수 있는 겁니다. 존재감이란 나 혼자서 소리칠 때가 아니라 누군가 내 이야기를 들어주는 사람이 있을 때, 내 의견에 공감해주는 사람이 있을 때 생겨나는 법입니다. 자신감이 샘솟게 되고, 심리적으로 더 강해지죠. 공공의 공간에서 내 뜻에 동의하는 사람들로부터 든든한 후원을 받게 되는 셈입니다.

소설 《광장》은 1960년 11월 잡지 《새벽》에 발표된 최인훈의 대표작입니다. 남북 분단의 첨예한 현실을 밀도 있게 다룬 빼어난 작품이죠. 주인공 이명준은 남한 사회와 북한 사회의 진면목을 두루 경험한 사람입니다. 남쪽에 삶을 꾸릴 광장이 없다는 사실에 실망해 북쪽으로 건너간 그는 북쪽 역시 개인을 구원할 밀실이 없다는 사실에 분노합니다. 결국 그는 제3국을 택하게 되죠. 하지만 중립국으로 가는 배 위에서 심한 고독을 느낀 그는 갈매기가 자유롭게 날아다니는 눈 아래 펼쳐진 짙고 푸르른 바다를 보며 이를 광장이라고 생각하고 자신의 몸을 던집니다. 작가는 이 소설을 통해 인간은 광장에 나서지 않고는 살지 못하는 존재인 동시에 밀실로 물러서지 않고는 살지 못하는 존재라는 걸 웅변하고 있습니다.

"광장은 대중의 밀실이며 밀실은 개인의 광장이다. 인간을 이 두 가지 공간의 어느 한쪽에 가두어 버릴 때, 그는 살 수 없다. 그럴 때 광장에 폭동의 피가 흐르고 밀실에서 광란의 부르짖음이 새어나온다. 우리는 분수가 터지고 밝은 햇빛 아래 뭇 꽃이 피고 영웅과 신들의 동상으로 치장이 된 광장에서 바다처럼 우람한 합창에 한몫 끼기를 원하며 그와 똑같은 진실로 개인의 일기장과 저녁에 벗어 놓은 채 새벽에 잊고 간 애인의 장갑이 얹힌 침대에 걸터앉아서 광장을 잊어버릴 수 있는 시간을 원한다."

광장과 밀실. 우리에게는 이 두 개의 공간이 다 필요합니다. 광장만 있다면 개인이 상실되고, 밀실만 있다면 공론이 사라집니다. 자유로운 광장과 건강한 밀실. 내게는 이 두 공간이 잘 공존하고 있나요? 그림을 다시 보니 안 보이던 게 이제 보이는 듯합니다. 장샤오강 그림에서는 어디선가 봄이 오는 소리가 들리는 것 같지 않나요? 팡리쥔 그림을 보니 물고기들이 어디를 향해 바삐 헤엄쳐 가는지, 새들이 어디를 향해 분주히 날아가는지 알 것 같지 않나요? 장샤오강과 팡리쥔 그리고 이명준은 결국 같은 꿈을 꾸고 있었던 게 아닐까요?

장샤오강 張曉剛, Zhang Xiaogang
1958년 윈난성 쿤밍시에서 태어난 그는 어머니의 권유로 그림을 그리기 시작했다. 1977년 쓰촨미술학원 유화과에 입학한 뒤 사회주의 사실주의를 거부하고 새로운 모더니즘을 탐구했다. 졸업을 앞두고 파격적인 비사실주의 화풍의 그림이 권위 있는 미술 잡지에 실리며 재능을 인정받았고, 졸업 후에는 동료들과 그룹을 형성해 활발한 창작 활동을 이어갔다.

회사 가기 싫은 사람

이른 새벽 무거운 몸을 이끌고 커피 한 잔으로 잠을 쫓으며 서둘러 출근합니다. 종일토록 수많은 일을 처리하고서야 마침내 고단한 일과가 끝나고 묘한 해방감 속에 전철이나 버스에 의지한 채 퇴근합니다. 우리는 왜 이렇게 바쁘게 살아가는 걸까요? 현대인들 그중에서도 도시인들은 늘 쫓기듯 숨 돌릴 틈 없이 하루하루 시간을 보내고 있습니다. 쑹융훙의 그림은 이와 같은 풍경을 잘 묘사하고 있습니다. 버스 안에서 자리에 앉은 사람이나 서 있는 사람이나 무표정하기는 마찬가지네요. 뭔가를 골똘히 생각하는 건지 감정을 드러내기조차 힘들 만큼 지쳐 있는 건지 알 수 없습니다. 그나마 콩나물시루 같지 않은 실내 풍경이 다행스럽군요.

쑹용홍, 〈버스 타기 Riding in a Bus〉

두 번째 그림은 마치 첫 번째 그림 속에 등장하는 사람들이 상상하고 있는 머릿속 풍경을 펼쳐놓은 것 같습니다. 넥타이를 맸지만 구두를 벗은 채 하늘을 둥둥 떠다니는 남자가 보이네요. 회사를 가지 않고 이렇게 하늘을 날아서 어딘가를 향해 떠날 수 있다면 얼마나 신이 날까요? 우산을 펼친 채 날아가는 남자도 있군요. 줄을 타는 사람, 자전거를 타는 사람, 발레를 하는 사람도 보입니다. 푸른 하늘, 넓은 바다, 시원한 산이 배경으로 등장합니다. 하지만 오른편에는 높다란 최신식 빌딩이 모여 있네요. 사람들은 빌딩으로 들어가지 않고, 자연 속으로 자꾸만 빨려들고 있는 것 같아요. 작가가 본 현실 세계와 이상 세계는 과연 무엇일까요?

매일 같이 반복되는 치열하고 피곤한 일상생활. 가끔은 이 모든 속박으로부터 벗어나 오롯이 나에게만 집중하는 시간과 공간, 즉 '케렌시아Querencia'가 필요합니다. 케렌시아는 애정, 애착, 귀소 본능, 피난처, 안식처 등을 뜻하는 스페인어입니다. 요즘은 스트레스와 피로를 풀며 안정을 취할 수 있는 공간 또는 그러한 공간을 찾는 경향을 가리키는 말로 많이 쓰입니다. 원래는 투우장에서 지칠 대로 지친 소가 투우사와의 마지막 일전을 앞두고 잠시 머물며 쉴 수 있도록 마련해 둔 장소를 의미합니다. 마치 전쟁터와도 같은 삶의 현장 속에서 이리저리 치이며 고달프게 살아가는 현대인들에게도 이런 자신만의 휴식처가 반드시 필요합니다.

사람마다 추구하는 케렌시아가 다릅니다. 집, 카페, 영화관, 갤러리 등 취향에 따라 다양하게 나타나죠. 집은 유행을 따르기보다 정서적 만족감에 가치를 두고, 보다 적극적인 휴식 공간을 만드는 쪽으로 변화하고 있습니다. 조도를 낮춰 카페 같은 은은한 분위기를 연출하거나 음악이나 영화 감상에 몰입할 수 있는 취미 공간으로 꾸미기도 합니다. 퇴근 후 좋아하는 예쁜 카페를 찾아가는 것, 맛있는 음식을 먹

쑹용홍, 〈홍콩 시리즈 Hong Kong Series〉

기 위해 줄서는 불편을 감수하면서까지 소문난 식당을 찾아가는 것 또한 케렌시아입니다. 어떤 형태든 케렌시아의 주요 키워드는 자기 집중입니다. 집이든 밖이든 온전히 자기에게만 집중할 수 있는 시간을 가짐으로써 자신의 내면을 들여다보고 스스로를 토닥여 에너지를 충전하는 기회를 갖는 게 핵심입니다.

누구나 학교 가기 싫고, 회사 가기 싫은 때 있습니다. 그런 마음이

든다고 모두 게으르거나 철없는 사람으로 치부하면 안 됩니다. 분명 그럴 만한 이유가 있을 겁니다. 물론 이게 일시적이 아니라 지속적으로 나타나는 현상이라면 근본적인 원인을 찾을 필요가 있습니다. 하지만 오랜 시간 한 직장을 다니며 동일한 업무를 반복하다 보면 누구나 이따금씩 회의가 들기도 합니다. 이럴 때는 전문가를 찾아가 긴밀히 상담을 하는 게 좋습니다. 저는 이런 분들에게 그림을 보여줍니다. 충분히 치유가 될 만한 그림을 보여주거나 직접 그리게 합니다. 본인이 힘들어 하는 상황을 그리게 하는 거죠. 자신의 마음을 표현하는 겁니다. 그러면 대부분 자신의 지친 마음과 인간관계 혹은 회사에서의 소외감 등을 표현합니다. 저는 회사 안에서는 마음을 터놓고 이야기하기 쉽지 않기 때문에 편안하게 만날 수 있는 지인이나 친구를 만나 충분히 대화를 나누거나 자신에게 맞는 취미를 가져 보라고 권합니다. 그럼에도 불구하고 힘겨움이 이어진다면 내가 이 직장을 계속 다녀야 할지를 신각하게 고민해 봐야 합니다. 내가 좀 더 잘할 수 있고, 좋아할 수 있는 일을 찾아보는 것이죠.

제가 감히 장담할 수 있는 게 하나 있습니다. 지금은 하루하루의 삶이 쳇바퀴 도는 것 같아서 허무하고 힘들지만 세상은 꾸준히 노력하는 사람에게 반드시 그만한 보상, 즉 행복을 가져다준다는 것입니다. 곧 찾아올 겁니다. 당신이 바라는 크고 작은 행복이. 그리고 알았으면 좋겠습니다. 특별할 것 하나 없는 평범한 하루를 잘 버텨낸 것만으로도 당신은 충분히 대단하다는 것을. 삶이라는 것이 원래 연약하고 깨지기 쉬우며 고통이 따른다는 것을. 그리고 그 고통은 매우 빈번하다는 것을. 그러니 퇴근 시간 회사를 나서는 순간 그날 있었던 피곤함, 억울함, 스트레스, 짜증, 걱정, 이런 것들은 다 내버려두고 오시길 바랍니다. 집에 올 때는 온전히 자기 자신만 가지고 돌아왔으면 좋겠습니다. 그러면 내 몸과 함께 내 행복도 귀가 시간에 맞춰 내 집으로 찾아들 겁니다.

쑹용홍 宋永紅, Song Yonghong

1966년에 출생한 그는 중학교 때부터 그림을 그리기 시작했으며, 유명 예술가인 형 쑹용핑의 영향을 받아 화가의 길을 걷게 되었다. 중국미술학원 재학 시절 이미 두각을 나타낸 그의 초기 유화 작업은 성性을 주제로 한 파격적인 작품들이었다. 사회적인 불안감을 표현하면서 사회의 모순들을 끄집어 낸 그만의 특별한 작업이었다. 이후 그는 취해 있는 외로운 영혼을 묘사한 〈목욕 시리즈〉로 유명해졌다. 그러면서 그는 평범한 일상의 풍경들이 관객들로 하여금 새로운 낯선 풍경으로 느껴지게 하는 그림에 주목했다. 그의 그림 속에는 부조리하고 황당하며 터무니없는 것들이 담겨 있지만 한편으로는 유쾌함과 친근함이 요소요소에 배어 있다. 그의 예술적 지평은 유화에서 판화와 수채화로 넓어지고 있으며, 관심 또한 중국 사회에서 벗어나 더 큰 관점, 즉 국제적인 변화로 옮겨 가고 있는 중이다.

서커스 같은 세상

서커스 좋아하시나요? 직접 보신 적은 있나요? 요즘이야 서커스보다 훨씬 짜릿하고 재미있는 게 많다 보니 이런 공연이 지루하거나 진부하게 느껴질 수도 있겠네요. 하지만 얼마 전까지만 해도 명절이면 체육관이나 장터 등에서 각종 서커스 공연이 펼쳐지곤 했습니다. 텔레비전에서도 서커스를 종종 보여주곤 했고요. 그런데 최근에는 통 볼 수가 없네요.

어렸을 때 텔레비전을 통해 서커스 공연을 보면 너무 아슬아슬해서 비명을 지르기도 하고, 손으로 황급히 눈을 가리기도 했답니다. 높은 공중에서 그네를 타다가 두 손을 놓은 다음 한 바퀴 공중회전을 한 뒤 건너편에서 그네를 타고 있는 사람의 손을 잡고 다시 그네 위로

팡마오쿤, 〈조우 Encounters No 2〉

올라가는 장면은 보는 내내 간장이 다 녹아 버릴 정도였습니다. 상자 안에 사람을 구겨 넣은 다음 주문을 외운 뒤 다시 열었을 때 감쪽같이 사람이 없어진 걸 보며 어안이 벙벙했던 기억도 납니다. 호랑이 입을 벌리고 곡예사가 자신의 머리를 집어넣을 때는 곱게 두 눈을 뜨고 있을 수가 없었죠. 어린 마음에 서커스 공연을 펼치는 사람들은 그야말로 현실 세계의 사람들이 아니라 우주나 어느 머나먼 별에서 온 사람들인 것처럼 생각되었습니다.

팡마오쿤의 그림을 볼까요? 무대 위에서 서커스 공연을 펼치는 사람들을 다 모아놨습니다. 저마다 자신의 재주를 한껏 뽐내고 있군요. 화려한 옷을 입고 멋지게 춤을 추는 여자도 보이고, 몸을 낙지처럼 유연하게 구부리면서 기계체조를 하는 여자도 보이며, 자전거 위에서 기막힌 재주를 부리려는 남자들과 무술 시범을 준비 중인 것 같은 남자도 보입니다. 기다란 총을 들고 야릇한 자세로 서 있는 여자도 있네요. 이들이 저마다 자신들이 가진 장기를 마음껏 선보인다면 정말 재미있는 서커스가 펼쳐질 듯합니다. 게다가 고양이와 곰도 보여요. 동물들도 한몫을 할 건가 봅니다. 서커스에 동물들 묘기가 빠지면 약간 서운하죠.

중국 여행을 할 때 흔히 볼 수 있는 게 서커스입니다. 중국 서커스에는 춤을 추고 몸을 움직이는 사람들이 많이 등장합니다. 거리에서

춤추는 사람들을 심심찮게 만날 수 있는 것도 중국 사회의 한 단면입니다. 무대 위에서 서커스를 펼치는 곡예사들은 연습을 오랫동안 거듭했음에도 불구하고 매순간 긴장하면서 마음을 졸일 겁니다. 그럴수록 관객들은 아찔함을 즐기고 탄성을 지르면서 재미있게 구경을 하겠죠. 이처럼 사람들은 유행이 한참 지난 서커스일망정 최선을 다하는 곡예사들의 공연을 보며 힘겨운 세상을 잠시라도 잊습니다.

살다 보면 별의별 희한한 풍경들을 만나고 기이한 장면들을 보게 됩니다. 그래서 세상은 한 편의 서커스 공연과 같다고 하나 봅니다. 하루아침에 반 토막 난 펀드, 갑자기 문자 메시지로 전송된 해고 통지서, 아이 신발값이 없어서 자신의 목숨을 끊어 버린 어머니…….세상에서는 서커스보다 더 황당한 일들이 일어납니다. 오히려 진짜 서커스는 세상의 아픔을 잊게 하는 작은 몸짓입니다.

화가의 고향이기도 한 중국 쓰촨성과 윈난성 등지에서는 천극川劇이라는 전통 연극이 이어져 옵니다. 이 공연 중 얼굴을 순식간에 바꾸는 기술이 펼쳐지는데, 이를 '변검'이라고 합니다. 변검은 천극의 꽃이라고 불립니다. 배우가 극의 분위기에 따라 자유자재로 얼굴을 바꾸는 연출기법입니다. 이 기법은 고도의 숙련된 기술이 필요합니다. 그런데 이런 화려한 변검을 보면서 씁쓸한 기분이 들었습니다. '무대 위에서 변검을 펼치는 배우의 얼굴이 빨리 변할까, 아니면 자신의 이익을 위해 물불을 가리지 않고 살아가는 무대 아래 관객의 얼굴이 더 빨리 변할까?' 이런 생각이 들었기 때문입니다. 수시로 안면을 바꾸는 정치인들의 얼굴은 또 어떻고요. 그러고 보면 현대인들은 곡예사들보다 아슬아슬한 서커스를 매일매일 현실 속에서 펼쳐가며 살아가는 사람들인 것 같습니다. 외발자전거를 타고 있는 곡예사들보다 기나긴 불황의 터널 속을 뚜벅뚜벅 걸어가는 서민들의 삶이 한결 더 위태로워 보입니다.

지금 당신은 어떻습니까? 지금 어떤 서커스를 하고 계신가요? 기계체조를 하고 계신가요? 공중그네를 타고 계신가요? 설마 사자 입에 머리를 들이밀고 계신 건 아니죠? 세상이라는 이름의 무대 위에서 우리의 서커스가 언제쯤 끝나게 될지는 모르겠지만 박수갈채 속에 무사히 공연이 끝나게 되길 바랍니다. 너무 무리하지 않고, 안전한 공연하는 것 잊지 마시고요.

팡마오쿤 庞茂琨, Pang Maokun

1963년 쓰촨성 충칭시에서 태어나 쓰촨미술학원 유화과를 졸업하고, 동 대학원에서 석사 학위를 받았다. 다양한 사람들의 행동과 표정을 세밀하게 포착해 현대 중국의 실상을 구현하고 있는 작가다. 특히 서커스를 공연하는 사람들의 갖가지 동작을 표현함으로써 보통 사람들이 경험할 수 없는 진기한 세상을 보여주는 일에 열중하고 있다. 관객들은 아슬아슬한 서커스를 펼치는 사람들을 보며 손에 땀을 쥐겠지만 무대 위에서 공연을 펼치는 사람들은 객석의 관객들을 보며 서커스보다 더 위태위태한 현실을 용케도 살아가는 모습에 가슴을 쓸어내릴지도 모른다. 타이완, 홍콩, 미국, 독일, 네덜란드 등에서 여러 차례 전시회를 열었으며, 현재는 쓰촨미술학원 유화과 교수로 학생들을 가르치고 있다.

마음의 병

중국 신화에 나오는 이야기입니다. 하나라의 요堯임금은 하늘과 땅의 법칙을 본받아 세상을 다스리면서 모든 백성들을 행복하게 했습니다. 태평성대를 이룩한 전설적인 성인이죠. 그 시절 하늘에 열 개의 태양이 떠오르는 일이 발생했습니다. 많은 괴물들까지 출현해 백성들을 괴롭혔습니다. 땅이 비쩍 말라 농사를 지을 수 없었고, 백성들은 고난 속에 죽어갔습니다. 요임금의 요청으로 하늘의 신이었던 예羿는 화살을 쏘아 아홉 개의 태양을 떨어뜨리고, 괴물들을 전부 무찔렀습니다. 백성들은 다시 평화를 되찾았어요. 이에 하늘의 천제가 자신의 아들인 아홉 개의 태양을 죽인 예와 그 아내 항아를 인간으로 타락시켰습니다. 하나라 백성들은 예를 왕으로 모시게 되었죠. 예는 다시 신이 되고자 모든 신선을 감독하는 여신 서왕모西王母에게 간청해 불사약을 받았습니다. 그런데 항아가 이를 몰래 먹고 하늘로 올라가 달의 신이 되었어요. 신이 되지 못한 예는 성질이 변해 조금만 자기 뜻대로 되지 않아도 불같이 화를 냈다고 합니다. 이후 예는 죽어서 태양의 신이 되었다는군요. 예와 항아는 부부의 만남을 기약하며 서로의 뒤를 쫓아 지금껏 하늘을 운행하고 있다는 이야기입니다.

예로부터 인간들은 늙지 않고 죽지 않게 만들어 주는 약, 즉 불로불사의 영약을 찾아 끝도 없이 헤맸습니다. 어딘가에 그런 약이 반드시 있을 것이고, 이를 발견해 먹기만 하면 영원히 아프지도 늙지도 죽지도 않을 거라는 환상을 가지고 있었던 겁니다. 하지만 과연 그런 것이 있을까요? 만약 그런 약이 있었다면 인류 역사 이래 그 약을 먹고 지금껏 젊은 모습으로 살아 있는 사람이 단 한 명이라도 있어야 할 것 아닙니까? 그러니 상상 속의 약일뿐이죠. 그런 약은 고사하고 인간의 상한 마음을 다스려 주는 약이나 악한 마음을 착한 마음으로 되돌려 주는 약, 뭐 이런 특효약도 역시 없습니다. 의학이 아무리 발달해도 아마 이런 약은 만들어 내지 못할 겁니다. 마음은 마음으로 다스려야 합니다.

겨울이면 흔히 걸리는 감기 또한 마음의 병인 경우가 많습니다. 마음이 아플 때 면역력이 떨어지면서 쉽게 감기 몸살을 앓게 되는 것이죠. 두안지안웨이의 그림을 보면 한 여자 아이가 아파서 누워 있습니

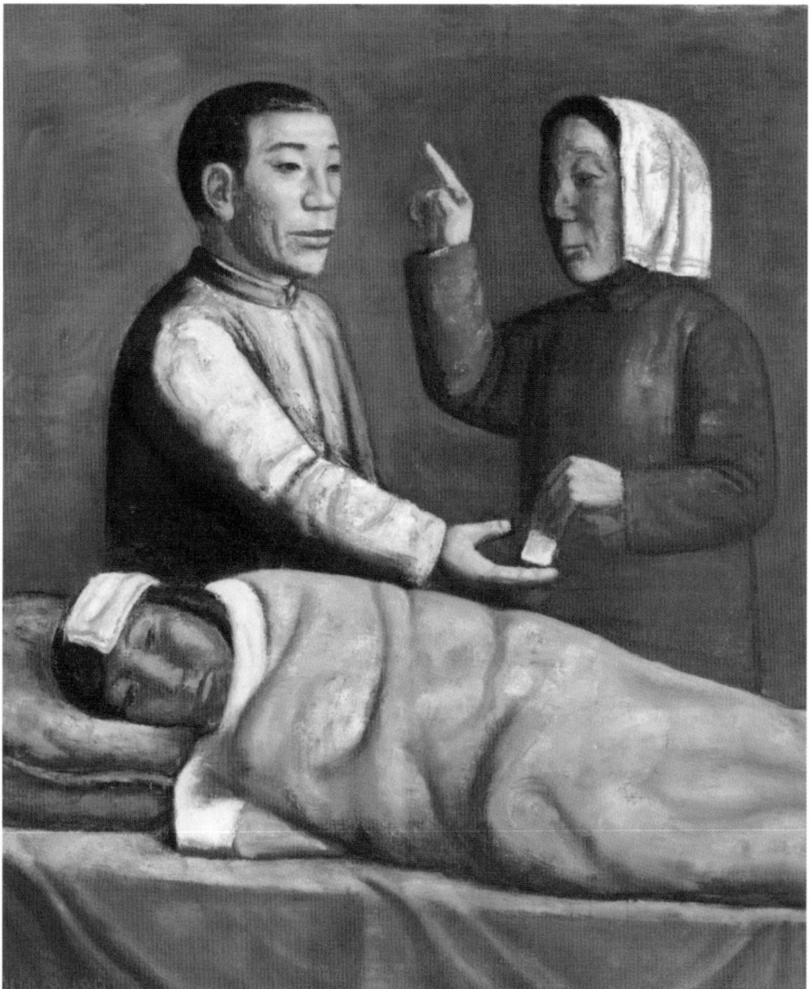

두안지안웨이, 〈열병 Fever〉

다. 이마에는 물수건을 대서 열이 내려가게 했군요. 침대가 별로 따뜻해 보이지 않습니다. 그래선지 이불을 잔뜩 끌어당겨 덮었네요. 나지막이 앓는 소리가 들리는 것 같습니다. 안쓰러울 정도로 많이 아파 보입니다. 아이 부모로 보이는 두 남녀는 서로 다른 이야기를 하고 있군요. 엄마는 손가락으로 한 곳을 가리킵니다. 아이를 걱정하기보다 서로의 일에 더 마음을 쓰는 것 같네요. 생활고에 시달려서일까요? 달리 보면 어떤 약을 사다 먹여야 할지 의견이 엇갈리는 듯도 하고요. 아빠와 엄마가 아이가 왜 이리 아픈지 진단을 달리 하기에 처방도 다른 거예요. 하지만 엄마의 의견이 더 강합니다. 어디 가서 무슨 약을 사오라고 적어주면서 강하게 지시하는 모양새입니다. 시키는 대로 해야겠죠?

중국인들은 자신의 감정을 솔직히 드러내거나 의사 표현을 구체적으로 하는 경우가 많지 않습니다. 동양 문화권이어서 그럴 수도 있지만 국가가 삶의 많은 부분을 통제하는 사회주의 체제라서 그럴 수도 있습니다. 제가 경험한 바에 의하면 중국인들에게는 질병이 큰 문제가 되지 않는 것처럼 보였습니다. 어디가 아프거나 다친 곳이 있어도 별다른 걱정을 하지 않더군요. 처음에는 인구가 워낙 많아서 그런가 보다 생각했습니다. 의료 시설이나 환경이 아직 발달하지 못한 상태라서 더욱 그럴 수 있다고 봅니다. 의료 발전과 삶의 질은 매우 밀접한 관련이 있습니다. 건강해야 행복하게 살 수 있는 거니까요. 외국에 교환교수로 가게 되었을 때 저는 중국이냐 아니면 미국이나 호주

냐를 놓고 많이 고민했습니다. 그러다 베이징의대 병원으로 가겠다고 마음먹었습니다. 그랬더니 주변 분들이 저를 만류했습니다. 선진국에 가서 경험을 쌓아야지 의학이 낙후된 중국에서는 배울 게 없다는 것이었습니다.

"저는 의료 장비나 기술을 보기 위해 중국으로 가겠다는 것이 아닙니다. 사회의 급속한 변화로 인해 생겨나는 중국인들의 트라우마와 심리 상태를 연구하려는 겁니다. 지금은 아무도 하려는 사람이 없지만 언젠가는 중국 사람들에게도 미술치료가 필요하지 않을까요?"

저는 중국행을 말리는 분들에게 이렇게 대답했습니다. 그 뒤로는 아무도 저를 만류하지 않더군요. 의료는 드러난 외상뿐만 아니라 보이지 않는 마음의 상처까지 치료해야 합니다.

몸과 마음은 서로 연결되어 있습니다. 체력 단련도 중요하지만 나약해지지 않게 마음을 단련하는 것도 필요합니다. 인간은 연약한 존재입니다. 몸이 아프고 상처가 나듯 마음도 아프고 상처가 날 때가 있습니다. 이를 낫게 하는 방법은 여러 가지입니다. 절대자에게 기도를 하거나 조용히 산책을 하는 것도 좋습니다. 스트레스를 떨쳐 버리기 위해 주변의 믿을 만한 지인들과 진솔하게 이야기를 나누는 것도 좋고요. 의기소침하게 지내지 말고 씩씩하게 잘 먹는 것도 중요합니다. 몸이 아플 때는 의사에게 가야겠지만 마음이 아플 때는 먼저 내 자신이 내 마음을 자세히 들여다봐야 합니다. 내 마음의 신음소리를 가만히 들어봐야 합니다. 나보다 내 마음을 더 잘 아는 사람은 없습니다. 뭔가 보인다면, 뭔가 들린다면 가만히 나 자신을 보듬어 주십시오. 위로해 주십시오. 안아 주십시오. 조금씩 열이 내릴 겁니다.

두안지안웨이 段建伟, Duan Jianwei

1961년 허난성 서창에서 출생해 허난대학교 미술학과를 졸업했다. 목가적이고 서정적인 시골 풍경을 담담하게 그려냄으로써 대자연의 고요 속에 깃든 순수한 삶의 의미를 전달하는 작가다. 그의 작품을 보고 있으면 마치 동화 속으로 들어온 듯 마음이 평온해진다. 전원의 낭만적 풍경과 소년들의 해맑은 마음이 관객들에게 고스란히 전달되기 때문이다. 속도가 생명인 양 정신없이 변해 가는 현대 사회 속에서 변하지 않는 고유한 정서와 변해서는 안 되는 아름다운 마음을 화폭에 담으려 노력하는 그는 현재 캐피탈사범대학에서 미술을 가르치고 있는 중이다.

달리 보는 세상

재미있는 그림이네요. 웨민쥔 그림 속에 등장하는 웃는 남자는 이미 여러 번 봤으니 이상할 게 없지만 허리를 숙여 몸을 굽히고는 가랑이 사이로 뒷모습을 바라보고 있는 광경은 우스꽝스럽기만 합니다. 이런 자세로 오래 있으면 피가 머리로 쏠려 어지럽죠. 그래서 남자는 두 손으로 종아리를 꽉 붙잡고 있습니다. 어지럽지만 기어코 자신의 뒤에 펼쳐져 있는 세상 풍경을 거꾸로 보고 싶다는 거겠죠. 그러면서도 남자는 여전히 이를 드러내며 웃고 있어요. 하늘은 한없이 푸르고, 흰 구름은 두둥실 떠가며, 한여름 날씨는 무덥기만 합니다.

세상을 바라보는 방법은 여러 가지가 있습니다. 똑바로 서서 있는 그대로를 정면으로 볼 수도 있고, 커다랗게 확대해서 보다 세밀하게 관

웨민쥔, 〈세상 구경 Look at the World〉

찰할 수도 있으며, 거꾸로 뒤집어서 정반대로 볼 수도 있습니다. 어렸을 때 그림 속 남자처럼 세상을 바라보신 적 있나요? 치마 입은 여자아이들은 이런 자세를 취하기 어렵지만 개구쟁이 사내아이들은 이런 식으로 자기 뒷모습을 바라보는 아이도 있었습니다. 저도 바지를 입었을 때 이런 자세를 취해 본 적 있습니다. 세상이 온통 거꾸로 보이더군요. 땅이나 건물이 눈 위에 둥둥 떠 있고, 하늘과 구름이 눈 아래 처박혀 있는 듯 보였어요. 재미있기도 하고 신기하기도 했지만 어지러웠답니다.

화가는 이 작품 속 남자의 시선과 웃음을 통해 무슨 말을 하고자 했을까요? 제 생각에는 현실 속에 존재하는 거짓과 위선의 장막을 걷어내고 세상을 진실하게 바라봐야 한다는 호소가 아니었을까요? 혹은 프랑스 대혁명 당시 평민들이 외쳤던 것처럼 자유와 평등과 박애가 아니면 죽음을 달라고 외치는 소리 없는 아우성 아니었을까요? 남자 앞에는 청명한 하늘과 구름이 펼쳐져 있지만 가랑이 사이로 고개를 내밀고 바라본 뒤쪽에는 먹구름과 천둥번개가 몰려오고 있는지도 모릅니다. 강력한 해일이 온 세상을 집어삼킬 듯 밀려들고 있는지도 모르고요. 아마 그렇더라도 이 남자는 계속해서 웃고 있을 겁니다. 웨민쥔에게 웃음과 눈물은 같은 단어입니다. 그의 웃음 속에는 언제나 흐르지 않는 눈물이 가득 고여 있습니다.

"팔베개를 하고 누워서 서까래 끝에 열린 하늘을 무심히 바라보고 있었다. 그러다가 모로 돌아누워 산봉우리에 눈을 주었다. 하, 이것 봐라 하고 나는 벌떡 일어나, 이번에는 가랑이 사이로 산을 내다보았다. 우리들이 어린 시절 동무들과 어울려 놀이를 하던 그런 모습으로. 그건 새로운 발견이었다. 하늘은 호수가 되고, 산은 호수에 잠긴 그림자가 되었다. 바로 보면 굴곡이 심한 산의 능선이 거꾸로 보니 훨씬 유장하게 보였다. 그리고 숲의 빛깔은 원색이 낱낱이 분해되어 멀고 가까움이 선명하게 드러나 얼마나 아름다웠는지 몰랐다. 나는 하도 신기해서 일어서서 바로 보다가 다시 거꾸로 보기를 되풀이했다."

법정 스님의 수필집 《산방한담》에 실린 '거꾸로 보기'라는 글입니다. 어느 날 우연히 산사의 풍경을 거꾸로 보았더니 매일 같이 수도 없이 봤던 익숙한 광경이 전혀 달리 보이더라는 겁니다. 새로운 관점과 시각이란 이토록 중요합니다. 틀에 박힌 고정관념이라는 게 얼마나 무서운 건지도 알 수 있습니다. 늘 보던 대로만 보고 생각하던 대로만 생각한다면 새로운 발견이란 있을 수 없습니다. 새로운 발견과 시도가 없다면 개인의 발전도, 사회의 진보도, 예술적 창조도 모두 불가능합니다.

당신은 가끔 뒤를 돌아보시나요? 허리를 숙이고 몸을 굽혀 가랑이 사이로 내 뒤에 펼쳐진 세상을 바라보곤 하시나요? 아니면 오로지 앞만 보며 사시나요? 내 정면에 보이는 세상만이 세상의 전부는 아니겠죠. 좌우도 둘러보고, 위아래도 쳐다보며, 뒤도 돌아보면서 가끔씩 웨민쥔처럼 가랑이 사이에 머리를 들이밀고 뒤에 있는 세상을 거꾸로 바라보는 건 어떨까요? 내가 알지 못했던 전혀 다른 세상이 보일지 모릅니다. 비록 그것이 위험한 풍경이라 할지라도 그때서야 비로소 세상을 온전히 바라볼 수 있게 될 겁니다. 지금 당장 함께 해볼까요? 중국 최고의 화가와 한국 최고의 고승도 했는데, 나라고 못할 게 뭡니까?

웨민쥔 岳敏君, Yue Minjun

1962년에 태어나 유년기를 베이징에서 보낸 그는 허베이사범대 회화과를 졸업한 뒤 미술 강사로 일했다. 청년 시절 톈안먼 사태를 목격한 이후 현실의 한계를 깊이 인식한 그는 허무와 냉소 그리고 분노와 혐오를 그림으로 표현하기 시작했다. 배반하는 현실을 비웃고, 폭력적인 현실에 눈감는 자아를 표현한 그의 그림을 접한 비평가들은 그를 '냉소적 사실주의자'라고 평했다. 그의 대표작 〈웃음 시리즈〉가 세계적인 주목을 받으면서 2007년 런던 소더비 경매에서 〈처형〉이 590만 달러에 팔려 나갔다. 그의 작품은 대부분 시리즈로 구성되어 있는데 〈웃음 시리즈〉, 〈장면 시리즈〉, 〈미궁 시리즈〉 등이 많이 알려져 있다.

변화의 새바람

20~30년 전 사진을 꺼내 보신 적 있으시죠? 어떠셨나요? 파릇파릇한 젊음이 느껴져 그 시절이 그립기도 했겠지만 헤어스타일이나 패션, 화장 등이 너무 마음에 들지 않아 누가 볼까 무섭다는 생각은 들지 않으셨나요? 어쩌면 하나같이 그렇게 촌스러웠는지 모릅니다. 그래도 그때는 한껏 멋을 내고 찍은 사진일 텐데 말이에요. 아직 젊은 분들도 불과 몇 년 전 사진을 보면서 이런 기분을 느끼실 수 있을 거예요. 지나간 사진을 보면 대개 이런 감정이 생깁니다. 어쩔 수 없는 것 같아요. 하지만 흘러간 세월이 야속하고 허무하더라도 촌스러운 옛날 사진 속에서 발견한 빛나는 청춘의 흔적들은 절로 미소를 머금게 합니다.

류샤오동, 〈청춘고사 Adolescent Story〉

사실주의 화가인 류샤오동의 그림 속 장면은 1980년대 말의 도시 풍경입니다. 거대한 건물과 공장 굴뚝에서 연기가 피어오르는 광경이 눈에 띄네요. 근대화와 도시화가 한창 진행 중인 중국의 모습입니다. 삼삼오오 모여 있는 청년들의 표정에서는 약간의 설렘과 흥분 그리고 불안과 초조가 교차합니다. 열심히 일해서 보란 듯이 살아 보겠다는 의지가 읽히지만 과연 이 치열한 도시 속에서 어떻게 살아가야 할까 두려워하는 마음도 읽을 수 있군요. 한겨울임에도 불구하고 다들 멋지게 차려입었으나 이들이 지금 이 그림을 다시 본다면 왜 이리도 촌스럽냐며 얼굴을 붉힐 겁니다. 그래도 싱싱한 기운만은 역력합니다.

청춘은 모험을 두려워하지 않습니다. 청춘은 도전을 멈추지 않습니다. 그렇지만 새로운 것을 찾아 떠난다는 건 개인은 물론 가족 전체에게도 큰 부담입니다. 갑작스런 환경의 변화는 두려움이라는 스트레스를 낳습니다. 중국인들에게도 마찬가지겠죠. 중국 정부가 경제 발전에 박차를 가하면서 중국의 농민들은 새 삶의 터전을 찾아 도시로 이동하게 되었습니다. 세계적인 문명 비평가인 프랑스의 학자 기 소르망은 "중국의 경제 기적은 19세기 유럽처럼 농촌 인구의 도시 이동이 만든 결과"라고 했습니다. 그러나 이 과정에서 농촌 인구의 과도한 도시 유입을 막기 위해 만들어진 호구제도는 또 다른 신분제도로 정착되면서 가난한 농민들을 더욱 억압하는 족쇄 역할을 하게 되었습니다. 거주 이전의 자유는 있지만 호구 이전의 자유는 없는 이 이상한 제도로 인해 농민공이 자녀를 데리고 도시로 이주하거나 도시에 취업해 자녀를 낳게 되더라도 그 자녀는 여전히 농민의 호구를 갖게 되는 실정입니다.

제가 만난 환자들 중 일부는 자녀들의 입시 문제로 상당히 힘들어했습니다. 중국에서 입시를 치르려면 호구에 기록된 부모의 고향으로 가야 합니다. 부모는 도시에 살고 있음에도 불구하고 아이 혼자서 지방으로 내려가야 하는 거죠. 아이는 갑자기 바뀐 농촌 환경과 학교에 적응하느라 씨름해야 하고 때로는 우울증에 시달리기도 합니다. 명문대 진학을 위해 필요한 점수를 계산하는 방식도 지방 학생과 도시 학생이 각기 다릅니다. 도시 호구를 가진 집안은 대대로 각종 편의를 누릴 수 있는 반면 농촌 호구를 가진 집안은 대대로 숱한 불이익을 감수할 수밖에 없는 구조입니다. 저는 이처럼 어려운 상황에 처한 학생들이 사회에 잘 적응할 수 있도록 대인관계와 환경적응능력 프로그램을 돌려보았습니다. 호구제도의 문제점들이 각 가정과 사회에 어떤 영향을 미치는지 진지하게 이야기를 나눠 보고 싶었습니다.

변화된 환경에 적응하는 일은 어른들에게도 버겁습니다. 어린 학생들은 훨씬 더하겠죠. 하지만 인생길을 걷다 보면 늘 갈림길이 나오고 못 보던 징검다리가 나타납니다. 지금까지 걸어온 익숙한 길을 벗어나 낯선 길로 접어들어야 합니다. 여러 가지를 고려해 그중 하나를 선택하겠지만 그에 따른 변화된 환경을 받아들이는 건 고스란히 나의 몫입니다. 입시, 취업, 결혼, 임신, 출산, 육아, 승진, 창업, 퇴직 등으로 인해 나를 둘러싼 환경은 계속해서 바뀝니다. 그때마다 염려와 두려움이 찾아옵니다. 그러나 지나고 나면 다 견딜 만했고, 감당할 만 했고, 부딪힐 만했습니다. 막상 닥치면 다 적응하게 됩니다. 이런 걸 주사효과라고 합니다. 처음에 주사를 맞을 때는 따끔하면서 아프지만 그 다음부터는 면역력이 생겨서 별로 아프지 않은 겁니다. 따라서 주변의 이야기에 너무 휘둘릴 필요가 없습니다. 자신감을 가지고 소신대로 맞닥뜨리면 됩니다. 류샤오동 그림에 등장하는 싱그러운 청춘남녀들처럼 말이에요.

최근 10여 년에 걸쳐 중국 배낭여행 1번지로 소문난 곳이 윈난성에 있는 리장丽江입니다. 이 고장에서도 단연 랜드마크로 꼽히는 곳은 옥룡설산玉龍雪山입니다. 산에 쌓인 눈이 마치 은빛 비늘을 가진 한 마리의 용이 누워 있는 모습과 비슷하다고 해서 이런 이름이 붙여졌다고 합니다. 해발 5,596미터 높이에 13개에 달하는 봉우리로 이루어진 산입니다. 산에 오르려면 두 대의 케이블카를 타야 합니다. 하나는 4,506미터, 하나는 3,200미터 지점까지 연결되어 있습니다. 너무 높은 산이라 고산병이 엄습해 옵니다. 4,506미터 지점에서부터 계단을 따라 천혜의 절경을 감상하며 4,680미터 지점에 있는 전망대에 올라서면 비로소 뭔가를 해냈다는 뿌듯함이 차오릅니다. 눈앞에 펼쳐진 장엄한 옥룡설산과 구름 밑으로 아스라이 펼쳐진 기막힌 풍경들이 가슴을 벅차게 만듭니다. 그러나 이런 감격은 변덕스러운 날씨와 고산병의 고통 그리고 온갖 두려움을 극복한 사람에게만 주어지는 특권입니다. 그것을 이겨내지 못한 많은 사람들이 중도에 포기를 합니다. 포기하지 않은 사람에게는 하산할 때 또 한 번 천하절경을 음미할 수 있는 멋진 기회가 주어집니다. 성취감과 만족감은 변화를 받아들이고, 두려움을 극복해낸 사람만이 누릴 수 있습니다. 모든 건 생각하기 나름입니다.

류샤오동 刘小东, Liu Xiaodong

1963년 랴오닝성 진청에서 태어나 중앙미술학원 유화과를 졸업하고, 동 대학원에서 석사 학위를 받았다. 중국 컨템퍼러리 화가들의 최전방에 서 있는 그는 구체적인 삶에 경의를 표하는 작가다. 정육점 주인이나 과일 파는 장사 등 치열하게 하루하루를 살아가는 사람들의 일상을 사실적으로 화폭에 담아낸다. 따라서 그의 작업실은 언제나 현장이다. 위험한 분쟁 지역이나 번잡한 공사 현장도 마다하지 않는다. 첨예한 현실의 삶을 역사로 기록해야 하는 까닭이다. 40대 때 중국 내 유화 경매사상 최고가인 81억 원에 작품을 판매해 이목을 집중시키기도 한 그는 티베트, 일본, 이탈리아, 영국, 쿠바, 오스트리아를 비롯한 전 세계를 누비고 다니면서 다양한 프로젝트를 수행했다. 제63회 베니스비엔날레에서 황금사자상을 수상했으며, 현재 베이징에서 작업하면서 중앙미술학원 교수로 재직 중이다.

결정적 순간

마오쉬후이는 중국 화단에서 저항과 분투를 상징하는 존재입니다. 타협할 줄 모르는 실존주의자로, 현대 중국의 모순된 체제와 부조리한 현실이 낳은 고독한 천재입니다. 그의 그림에 등장하는 열쇠, 의자, 책, 알약, 찻잔, 가위 등은 현실에서 눈을 돌려 버린 그가 발견한 유일한 빛이자 출구입니다. 특히 의자는 비뚤어진 권력을 나타내고, 가위는 이에 저항하며 분노를 표현하는 수단입니다. 그는 식탁에 둘러앉아 소박하게 삼시세끼를 나누는 것만으로도 한없이 행복했습니다. 그러나 현실은 이런 작은 꿈마저도 허락하지 않았습니다. 그만 남겨두고 온 가족이 떠나 버린 것입니다. 그는 텅 빈 집 안에 홀로 앉아 마름모꼴 얼굴의 사람들을 그리기 시작했습니다. 그것은 세상과

마오쉬후이, 〈권력의 어휘 시리즈 Glossary of Power Series〉

융화되지 못하고, 가족조차 건사할 수 없었던 모난 자신의 표상이었습니다. 그리고 익숙한 일상 속 오브제를 화면으로 불러들여 현실의 부조리와 모순을 담아냈습니다.

이즈음 그가 그린 작품 중 하나가 〈권력의 어휘 시리즈〉입니다. 이 그림은 8폭짜리 대형 작품입니다. 아치형 4단 책꽂이에 책이 잔뜩 꽂혀 있는 그림은 그중 하나입니다. 작가는 왜 이 그림의 제목을 〈권력의 어휘 시리즈〉라고 붙였을까요? 이 책꽂이는 그냥 예사로운 책꽂이가 아닙니다. 권력자의 책꽂이입니다. 시대와 양식의 차이에도 불구하고 서양의 권력자들이 살던 궁전이나 종교 지도자들이 머물던 성당에는 대부분 아치형 건축물이 많습니다. 얼핏 하늘이나 구름 또는 무지개를 떠올리게 하는 아치형 건축물은 범접할 수 없는 어떤 위용과 기품 같은 게 있습니다. 마오쉬후이의 책꽂이는 그런 모양을 하고 있습니다. 게다가 꽂혀 있는 책등을 보면 빨간색이 많네요. 고급 양장본 같습니다. 권력자들이 좋아하는 어휘가 가득한 책이겠죠. 그래서일까요? 작가는 일부러 책을 삐딱하게 기울인 채 꽂아두었습니다.

그림에 등장하는 책꽂이와 책은 분명 마오쉬후이가 싫어하는 부류의 것입니다. 하지만 그는 책을 정말 좋아하는 작가입니다. 태평한 시절에 태어났더라면 경치 좋은 곳에 초가삼간을 짓고 독서삼매경에 빠져 살았을 겁니다. 물론 틈틈이 농사도 짓고 그림도 그려가면서 말이죠. 그러나 시절이 워낙 수상쩍으니 조용히 책이나 읽으면서 살아갈 수 없게 된 거예요.

"내가 이 세상 도처에서 두루 쉴 곳을 찾아보았는데, 마침내 찾아낸 곳이 책이 있는 구석방이었습니다. 내게 이보다 더 나은 곳은 없었습니다."

15세기 독일의 수도자이자 종교 사상가였던 토마스 아 켐피스는 이렇게 말했습니다. 혼자서 책 속에 파묻혀 지혜와 영성의 깊은 세계로 들어가고자 했던 그에게 이보다 더 좋은 안식처는 없었을 겁니다. 그처럼 뛰어난 사상가에게도 한적한 피난처가 필요했나 봅니다.

인생을 살아가다 보면 누구나 자기 삶이 흔들리는 결정적 순간을 맞이할 때가 있습니다. 나를 변화시키고 성장시키는 힘은 예상치 못했던 곳으로부터 다양하게 다가옵니다. 그것이 한 권의 책일 수도 있고, 어떤 사람일 수도 있으며, 한 장의 그림일 수도 있고, 한 곡의 음악일 수도 있습니다. 또 잊지 못할 어떤 장소일 수도 있고요. 그 책을 보았기 때문에, 그 사람을 알았기 때문에, 그 그림을 봤기 때문에, 그 음악을 들었기 때문에, 그 장소를 만났기 때문에 새로운 것에 눈뜨게 되고, 한 시기를 지나 새로운 삶으로 도약하게 되는 것이죠.

하지만 그런 결정적 순간은 그냥 오지 않습니다. 아는 만큼 보인다고 하죠? 항상 자기 자신에 대해서도 깨어 있고, 바깥을 향해서도 열려 있어야 합니다. 그래야만 책 한 권을 읽어도 가벼이 읽게 되지 않고, 음악 한 곡을 들어도 흘려듣지 않게 됩니다. 누군가와의 만남도 스쳐지나가는 만남이 아니라 의미 있는 만남이 될 겁니다. 한순간 스치는 바람이나 어제와 달라진 작은 꽃망울 속에서도 우리는 인생을 뒤흔드는 결정적 순간을 만날 수 있습니다.

돈도 명예도 사랑도 다 싫다면서 너는 무엇을 찾으러 가느냐고 물었던 윤심덕은 세상에서 그 답을 찾지 못했습니다. 현해탄에 몸을 던질 수밖에 없도록 그녀의 인생을 뒤흔들어 놓은 결정적 순간은 무엇이었을까요? 죽음처럼 처절한 허무였을 겁니다. 그러나 마오쉬후이는 달랐습니다. 그 역시 돈도 명예도 사랑도 다 싫다면서 너는 무엇을 찾으러 가느냐고 물었을지 모릅니다. 속으로 말이죠. 그런데 그는 의자와 가위와 마름모꼴 인간을 화폭에 담으면서 살아남기 위해 격렬하게 몸부림쳤습니다. 그러는 사이 그는 자신만의 예술을 발견했습니다. 결정적 순간을 맞이한 거예요. 그것은 죽음을 극복하려는 강력한 생의 의지였어요. 어쩌면 토마스 아 켐피스가 추구한 절대자를 향한 끝없는 사랑과 동일한 것일 수도 있습니다.

그런 의미에서 저는 당신에게 묻고 싶어요. 요즘 당신의 영혼을 뒤흔드는 그 무언가가 있나요? 그렇다면 그게 무엇인가요? 그처럼 흔들리는 사이에 무엇을 깨달았나요? 혹 그 같은 뭔가를 아직 만나지 못했나요? 그렇다면 천천히 돌아보면 좋겠어요. 내가 알고자 하는 마음조차 없었던 것은 아닌지, 깨어 있으려 하지 않았던 것은 아닌지 말이에요. 내 삶을 흔들어 놓는 결정적 순간은 내가 알지 못하는 사이에 갑자기 찾아올 수 있어요. 그렇지만 차분히 대비하면서 마음의 준비를 해둔다면 그 순간을 충분히 의미 있게 맞을 수 있을 거예요.

마오쉬후이 毛旭輝, Mao Xuhui

1956년 쓰촨성 충칭시에서 출생해 윈난예술학원 유화과를 졸업했다. 1980년대 중반 개혁 바람이 불어든 중국에서 예술의 다양성을 부르짖으며 형성된 '서남예술단체South West Art Group'를 장샤오강, 예용칭, 판더하이 등과 함께 주도했다. 개혁 개방 이후 근현대 서양 미술이 중국에 뿌리를 내리는 과정에서 마오쉬후이는 서양 미술을 최대한으로 발현하여 독특한 자기만의 세계를 구축한 작가로 평가된다. 가위를 소재로 한 그림을 많이 그려 '가위의 작가'로 불리는 그는 현재 쿤밍에 거주하며 윈난예술학원 교수로 후진을 양성하고 있다.

무모한 도전

아이들이 어른처럼 멋진 포즈를 취하고 있으면 이제 탕쯔강 작품이겠거니 생각되시죠? 그런데 이번에는 정말 위험천만한 상황이네요. 그림을 보는 내내 조마조마합니다. 이제 겨우 걸음마나 뗐음직한 어린아이가 다이빙 틀 맨 끝에 아슬아슬하게 올라가 있습니다. 두 팔을 벌려 균형을 잡아 보지만 한없이 위태로워 보이는 게 언제 떨어질지 모르겠군요. 문제는 이곳이 실내 수영장이 아니라는 겁니다. 안전요원이 있고, 수심이 얕은 실내 수영장이라면 그나마 좀 낫겠지만 그림 속 장소는 파도가 넘실거리는 바다입니다. 건너편에 바위와 산이 보이는 걸로 봐서 정식 해수욕장도 아닌 듯합니다. 다이빙 틀 아래 바다를 보면 무시무시합니다. 시퍼런 바닷물이 출렁거리는 게 수심

탕쯔강, 〈중국 동화, 다이빙 Chinese Fairy Tale, Diving〉

이 보통 깊은 바다가 아니네요. 큰일입니다.

탕쯔강의 작품을 보면 갑작스런 횡재로 벼락부자가 된 사람처럼 낯선 환경에 유치하고 미숙하게 대처하는 어린아이들이 등장합니다. 이들이 취하는 행동과 표정을 보면 우스꽝스럽기도 하지만 곧 사고가 날 것처럼 아찔아찔합니다. 2000년대 이후 선보인 그의 작품들을 보면 맑은 빛깔의 물과 소년들이 자주 눈에 띕니다. 물과 어린아이들은 무슨 연관이 있을까요? 물가에 내놓은 어린아이들처럼 불안하기 짝이 없다는 작가의 근심어린 시선이 반영된 게 아닐까요? 아니나 다를까 이번에는 어린아이가 홀로 다이빙 틀 맨 끝에 서서 바다로 뛰어내리려 하고 있는 겁니다. 이것은 실험이라 할 수도 없고, 도전이라 할 수도 없습니다. 세상물정 모르는 철부지 행동 또는 만용일 뿐이죠. 물은 어머니 뱃속에 있을 때처럼 사람을 편안하게 만들어 주는 존재이기도 하지만 홍수나 태풍처럼 모든 것을 집어삼키는 무섭고 두려운 존재이기도 합니다. 아무리 어린아이라도 저런 상황이라면 겁이 나서 주저앉거나 울음을 터뜨릴 텐데 그림 속 아이는 태연하기만 하군요. 두려움이 없는 아이인가 봅니다.

이번에는 발가벗은 아이들이 어딘가를 기어오르고 있네요. 저게 뭘까요? 돌 같기도 하고, 얼음 같기도 합니다. 아이들은 얕은 물속을 걸어서 사각형의 물체가 쌓인 성 같은 꼭대기를 향하고 있습니다. 그림 속 물체는 중국인들이 좋아하는 보석 비취翡翠처럼 보입니다. 비취는

탕쯔강, 〈중국 동화, 제이드 Chinese Fairy Tale, Jade〉

경옥과 연옥 두 종류가 있는데, 에메랄드그린 색깔의 비싼 보석이죠. 주산지는 미얀마지만 중국에서 처음 사용되기 시작했다고 합니다. 그러니까 아이들이 죽어라고 기어오르는 이 산이 바로 비취로 이루어진 산인 겁니다. 저렇게 큰 비취라면 대단히 비싼 값에 팔릴 거예요. 한 덩어리만 있어도 갑부가 되겠네요. 그러면 운반 장비를 가져다가 한 덩어리라도 옮겨야 할 텐데, 아이들은 왜 꼭대기로 오르려고만

할까요? 맨 꼭대기를 보니 한 아이가 이미 자리를 차지하고 있군요. 언제 저기까지 올랐을까요? 손에는 붉은 깃발을 들고 있어요. 용맹하고 충성심이 강한 간부인 듯합니다.

이 작품 역시 물질만능주의에 빠진 어른들의 세계를 풍자하고 있습니다. 비취로 상징되는 물욕의 세상에서 어떻게 하든지 먼저 꼭대기에 오르려고 발버둥을 치는 거죠. 자신이 만천하에 벌거벗겨졌다는 사실도 모른 채 말이에요. 부끄러움이나 염치 같은 건 사치입니다. 그런 걸 생각하고 주저한다면 절대 꼭대기에 오를 수가 없어요. 정말 부끄러운 건 꼭대기에 오르지 못하고 밑에서 정상에 선 사람들을 쳐다보며 부러워만 하는 겁니다. 일단 꼭대기에 올라 깃발을 들게 되면 이전에 부끄러웠던 것은 말끔히 없어집니다. 강한 사람이 이기는 게 당연하고, 최후의 승리자가 모든 것을 누리는 것 역시 사필귀정입니다. 이들은 모두 그렇게 믿고 있는 겁니다. 이것이 양육강식과 승자독식의 처절한 자본주의 논리입니다. 작가는 벌거벗은 어린아이들을 등장시켜 현대인들과 중국 사회를 신랄하게 비판하고 있습니다.

한계를 모르는 탐욕의 끝은 언제나 같습니다. 결국 자기 욕망의 모순에 빠져 파멸에 이르게 되는 거예요. 인생은 만용의 대상도 아니고, 탐욕의 대상도 아닙니다. 하루하루 내게 주어진 시간들을 가치와 의미로 채워 나가는 순례의 길입니다. 지름길도 없습니다. 비행기나 자동차도 없습니다. 내 두 발로 뚜벅뚜벅 걸어서 가야 합니다. 지금

나는 어디쯤 가고 있을까요? 너무 무모하게 속력을 내고 있는 건 아닌가요? 너무 오랫동안 쉬었다 가는 건 아닌가요? 땀도 닦고 목도 축이고 주변도 두루 살피면서 좀 여유 있게 걷는 게 어떨까요?

탕쯔강 唐志岡, Tang Zhigang

1959년 윈난성에서 출생한 그는 정치 선전 교육 업무를 전담하던 군인이었다. 부친의 뜻에 따라 베트남 전선에 배치되었던 그는 뒤늦게 그림 공부를 시작해 해방군 예술학원을 졸업했다. 그는 어른들의 삶을 살아가는 아이들 그림으로 현대 중국인들의 모습을 풍자한 〈어린이 회의Child Meeting〉, 〈중국 동화Child Fairy Tale〉 시리즈를 선보이며 세계적인 명성을 얻었다. 그림 속 아이들은 어른들의 어리석은 행동을 모방하면서 어른들 세계의 소심함을 과감하게 건드리고 있다. 이를 통해 그는 현대인들에게 근원적이면서도 뼈아픈 질문들을 던진다. 자신의 작품 속에서 수많은 아이들을 그리고 있는 그는 아이러니하게도 결혼도 하지 않았고 아이도 없다. 퇴역 후에는 윈난 예술학원에서 유화과 교수로 재직 중이다.

우리를 채우는 것

사진이 등장하면서 많은 사람들이 걱정을 했습니다. 이제 미술이 설 자리는 어디인가, 사진보다 더 정교한 그림을 그릴 수는 없을 테니 미술이 설 자리는 점점 없어질 것이다, 이렇게 생각한 겁니다. 하지만 사진이 등장한 이후에도 미술은 건재했습니다. 대상을 특정 시간과 공간 속에서 있는 그대로 포착해내는 사진과 상상과 창조로 대상을 무한히 재해석해내는 미술은 서로 영역이 달랐기에 적당한 긴장과 협력 관계를 유지할 수 있었던 것입니다.

영화, 텔레비전, 인터넷 등 각종 영상 매체와 뉴미디어들이 속속 등장하면서 역시 많은 사람들이 우려했습니다. 이제 사진의 역할은 무엇인가, 영상을 통해 시간과 공간을 연결해서 볼 수 있게 된 마당에 특정 시간과 공간에 얽매이는 사진이 무슨 일을 할 수 있겠는가, 이렇게 생각한 겁니다. 그러나 영상 매체와 뉴미디어의 홍수 속에서도 사진은 건재했습니다. 연속되는 장면과 스토리가 줄 수 없는 하나의 시간과 공간 안에서만 포착 가능한 치명적인 혹은 결정적인 순간은 오직 사진만이 줄 수 있는 메시지이자 이미지였던 까닭입니다. 단 하나의 장면으로 수많은 생각과 사색과 깨달음을 이끌어낼 수 있는 것은 사진 예술만이 갖는 고유한 특징입니다. 예술로서의 사진이 여전히 필요한 이유는 바로 이것입니다.

중국 사진 예술계의 거장인 왕칭송은 개혁 개방 이후 급속도로 유입된 자본주의와 서구문화로 인해 엄청난 변화를 겪고 있는 중국 사회의 다양한 모습들을 냉철한 시선으로 고발하면서 화려한 외형 속에 가려진 어두운 속내와 진실을 파헤치고 드러내는 일에 정열을 쏟고 있는 작가입니다. 그의 작품에 담겨 있는 특유의 풍자와 유머는 사진이라는 형식이 바쁜 현대인들에게 메시지와 이미지를 전달하는 데 있어 얼마나 효과적인지를 여실히 보여줍니다. 눈에 보이는 대상을 통해 보이지 않는 실상을 들여다보고, 망각해 버린 시간을 소환하며, 소멸된 공간의 이미지를 재생시키고, 상실한 채 살아왔던 아름다운 추억을 상기시키는 것이야 말로 그에게 주어진 시대적 사명입니다. 셔터를 누르는 그의 손끝은 붓을 든 화가의 손끝보다 더 매서울 때가 많습니다. 나중에 그리거나 다음에 다시 그릴 수 있는 그림과 달리 지금 이 자리에서 반성과 성찰을 충실히 담아낸 단 한 장의 사진을 탄생시켜야 하니까요.

사진 두 장이 있습니다. 첫 번째 사진부터 볼까요? 충격적인 장면이라 처음에는 이게 뭐지, 하고 한참을 들여다보게 됩니다. 정신을 가다듬고 다시 보니 교실인 것 같네요. 도서관처럼 보이기도 하고요. 책상들이 종과 횡을 맞춰 늘어서 있습니다. 그런데 학생들이 전부 책상 위에 엎드려 자고 있어요. 너무 열심히 공부하다 보니 피곤에 지친 듯합니다. 가운데 링거를 맞는 사람까지 있는 걸로 봐서 피로가 쌓일 대로 쌓여 치료를 요하는 수준까지 이른 것 같습니다. 책상 위에는 교과서와 참고서들이 잔뜩 쌓여 있군요. 수북이 쌓인 책만 봐도 이걸 언제 다 보나 입이 떡 벌어질 지경입니다. 벽을 좀 볼까요? 수업 내용 혹은 참고할 사항을 적은 종이들이 덕지덕지 붙어 있습니다. 그런데 그 사이로 커다란 글씨도 보이네요.

"好好學習?"
"Study Well?"
"天天向上?"
"Progress Everyday?"

'好好學習, 天天向上'이라는 말은 《명심보감明心寶鑑》에 나오는 구절로 "열심히 배우고 익혀서 나날이 발전하고 진보하자."는 뜻입니다.

왕칭송, 〈따라갈게 Follow You〉

중국 사람들이 자녀들에게 학습을 독려할 때 즐겨 인용하는 문장입니다. 탈진해서 쓰러지기 직전인 가련한 청춘들에게 지치지 말고 더 열심히 공부하라고 부추기는 구호들입니다. 영어로도 써 있군요. 'Study Well, Progress Everyday'라는 표현 역시 "공부 잘해서 매일 진보하자."는 의미에요. 하지만 반전이 있죠. 작가는 이 구호들 끝에 전부 물음표를 달아놨어요. "열심히 배우고 익히라고? 그래서 나날이 발전하고 진보하라고? 공부 잘하라고? 그래서 매일 진보하라고?" 이런 뜻인 거예요.

이 사진은 〈왕칭송의 Follow 시리즈〉 중 하나입니다. 중국의 교육 현실에 대한 작가의 통찰을 담고 있는 작품들입니다. 몇 번 말씀드린 적 있지만 중국의 대학 입시는 대한민국은 저리 가라 할 정도로 치열합니다. 정말 살벌할 정도죠. 이를 비판하는 그의 사진 속에는 한 번 보고 버려지는 책 더미들, 공부하다 지쳐 쓰러진 학생들, 성공과 출세를 독려하는 각종 구호들이 등장합니다. 10대와 20대 청춘들은 입시와 취업이라는 인생 최대의 관문을 통과하기 위해 전쟁 같은 하루하루를 살아갑니다. 이들을 이런 지옥으로부터 구원할 방법은 아직 없습니다. 사회에서 가정에서 여전히 이들에 대한 채찍질이 계속되고 있기 때문입니다.

오른쪽 사진을 볼까요? 어마어마한 크기의 칠판이 나타났습니다. 맨 위쪽에 뭘 적으려면 사다리를 놓고 올라가야 할 듯합니다. 아무튼 이렇게 큰 칠판에 글씨와 기호들이 가득 적혀 있습니다. 역사, 문학, 과학, 수학 등 여러 과목의 다양한 내용들이 빼곡합니다. 칠판 아래 앉아 있는 사람은 교사로 보이네요. 느긋한 표정으로 지시봉을 통해 칠판을 가리키고 있군요. 교탁이 인상적이에요. 상당히 권위적으로 생긴 앤티크 가구 같습니다. 아까 본 사진과 마찬가지로 젊은이들을 공부하라고 닦달하는 분위기가 물씬 풍기는 작품입니다. 칠판에 적힌 내용을 받아 적거나 열심히 지시봉을 따라 가며 익혀야 합니다. 그렇지 않으면 낙오가 될 테니까요. 수업이 끝나면 칠판에 적힌 내용들은 싹 지워지겠죠. 그런 다음 다른 내용들이 가득 채워질 겁니다.

왕칭송, 〈따라와 Follow Me〉

그러면 또 학생들은 정신없이 지시봉을 따라 공부해야 합니다.

그런데 한 가지 특이한 게 보입니다. 교탁 위를 보세요. 지구본이 보이시죠? 코카콜라도 한 병 있네요. 지구본과 코카콜라가 의미하는 게 뭘까요? 왜 교탁 위에 이걸 놔두었을까요? 지구본은 전 세계를 상징하는 것 같고, 코카콜라는 미국으로 대표되는 자본주의와 소비주의를 상징하는 듯합니다. 열심히 공부해서 전 세계로 나가라, 죽어라 공부해서 미국과 자본주의 세계를 따라잡아라, 이렇게 독려하는 것 같지 않나요? 두 작품 모두 같은 주제를 다루고 있습니다. 사회와 학교와 가정에서 이토록 시달리는 청춘들은 얼마나 힘들고 아플까요? 중국인들은 대학 입시를 결혼식이나 장례식 못지않은 큰 행사로 받아들입니다. 중국 고등학생들은 입시가 있는 6월을 '검은 6월'이라고 부릅니다. 그만큼 힘들다는 뜻이지요. 워낙 땅이 넓다 보니 매년 입시철만 되면 기이한 풍경들이 펼쳐집니다. 자신이 지원한 대학에서 시험을 치르기 위해 전국에서 수험생들이 몰려드는데, 이들을 따라 다른 가족들까지 함께 올라 오기 때문에 마치 전 국민이 입시를 치르는 것 같은 희한한 모습이 연출되는 겁니다. 대학에 입학하기 위해 자녀가 원하는 대학 근처로 온 가족이 이사를 하거나 아예 다른 도시로 삶의 터전을 옮기는 광경도 자주 볼 수 있습니다. 중국이 짧은 기간 동안 급속한 경제 성장을 이루고, 막강한 힘을 가진 나라가 될 수 있었던 데에는 이와 같은 뜨거운 교육열이 큰 역할을 한 게 사실입니다. 하지만 얻는 게 있으면 당연히 잃는 것도 있는 법입니다.

얼마 전 서울 강남의 한 부자 마을에서 벌어지는 대학 입시를 둘러싼 온갖 암투와 술수를 다룬 텔레비전 드라마가 엄청난 인기와 화제를 모으며 방영되었습니다. 저도 워낙 소문이 자자해 재방송까지 찾아서 봤습니다. 한국 최고의 엘리트들이 모여 산다는 이 마을 어른들은 자녀들이 일류대학에 당당히 합격하는 것이 목표입니다. 아이들은 부모의 조종에 따라 로봇처럼 일류대학 합격을 향해 질주합니다. 인생은 피라미드의 꼭대기에 먼저 오르기 위한 치열한 질주입니다. 좌고우면할 겨를이 없습니다. 부끄러움이나 염치는 말 그대로 사치일 뿐입니다. 그러다가 대형 사건이 터지죠. 곪을 대로 곪았으니 터지지 않는 게 이상한 일입니다. 철옹성이 무너지고 피라미드가 박살이 납니다. 그때서야 이들은 자신들이 벌거벗고 있었다는 사실을 깨닫게 됩니다.

인생이 뭘까요? 빈 그릇을 자꾸 채워 가는 게 인생일까요? 저는 하나씩 비워 가는 게 인생이라고 생각합니다. 두 개를 갖고 있는 것보다 아쉽지만 하나를 버리고 나면 다시 다른 게 채워지는 것이 인생입니다. 단순함과 간결함을 추구하는 예술과 문화적인 흐름을 미니멀리즘이라고 합니다. 우리 인생에도 미니멀리즘이 필요합니다. 마음을 비우는 일이죠. 욕심은 채우려 할수록 끝이 없습니다. 버리고 비우면 욕망도 작아집니다. 마음을 비우고, 소유했던 것들을 아낌없이 내려놓을 때 비로소 참 자유를 얻을 수 있고, 이전에 보지 못했던 아름다운 것들을 보게 됩니다. 가득 채우려 할 때 보이지 않았던 것들이 버리고 나면 그때서야 눈에 들어오는 것이죠. 이것이 바로 세상을 지혜롭게 살아가는 제대로 된 마음 아닐까요?

왕칭송 王庆松, Wang Qingsong
1966년 헤이룽장성에서 출생해 쓰촨미술학원을 졸업했다. 사실을 전달하는 다큐멘터리에 머물렀던 중국의 사진을 풍자의 시각 예술로 전환시켰다는 평가를 받는 세계적인 사진작가다. 거대하고 강력한 메시지를 던지는 작품을 주로 선보이는 작가답지 않게 온유하고 부드러운 성품을 지닌 그는 우리나라에서도 수차례 전시회를 가진 바 있다. 사진 속에 나타난 과장되고 극적인 요소들은 그의 머릿속에서 치밀하게 연출된 것들이다. 그는 이를 통해 거대한 소비주의와 자본주의가 얼마나 덧없는 것인지를 냉소적으로 풍자하고 비판한다. 베이징에 머물며 활동하고 있는 그의 사진들은 뉴욕현대미술관과 구겐하임미술관을 비롯한 세계적인 미술관에 고루 소장되어 있다.

유토피아

우리는 아름다움 앞에서 무장해제됩니다. 루어파휘이의 작품을 보면 몽환적이고 신비롭습니다. 특히 그의 꽃 시리즈를 보면 작품의 웅장한 크기에 압도되기도 하지만 화려하고 아름다운 모습에 황홀해지는 기분이 들지요. 하늘에 열려 있는 꽃길을 걷고 있는 듯 어쩌면 무릉도원 같기도 하고 나의 유토피아를 발견한 듯 편안한 마음이 듭니다. 이런 그림은 우리의 초자아를 무너뜨린다고 보면 됩니다. 구름인지 꽃인지 알 듯 모를 듯한 꽃잎들이 중앙을 향해 가득 피어납니다. 그림 앞에 서 있자니, 마치 내가 주인공이 되어서 그 안에서 홀로 쉬고 있는 것 같습니다.

색상 역시 붉은색, 초록색 꽃의 기본형에 보라색 꽃이 더욱 매력적

루어파휘이, 〈문화세계 The Big Flower World〉

으로 환상을 자극하네요. 꽃이 중앙의 빛을 중심으로 밖을 향해 뻗어나가고 있습니다.

사실 유토피아는 손에 잡히지는 않지만, 우리 마음속에 꼭 담아두어야 할 마음의 안식처가 될 수도 있습니다. 현실은 그림의 바탕처럼 흐릿하고 어둡고 모호하기만 하고, 또 아름다운 꽃을 쉽게 찾을 수도 가질 수도 없지만, 이렇게 잡힐 듯 잡히지 않는 유토피아를 느끼고 상상하는 것만으로도 지금의 고단함을 조금은 쉬게 해줄 수 있지 않을까요?

서양에서 유토피아는 어느 곳에도 없는 상상의 세계를 가리키지만,

중국에서 무릉도원은 '어딘가에 있을 것만 같은' 이라는 의미가 짙다고 합니다. 이렇게 사람들이 현실을 받아들이는 방식은 저마다 다를 수밖에 없습니다. 그러나 실재하는 것을 현실적으로 바라보는 것만큼 우리 마음속에 불가능한 꿈을 간직하고 살아가는 것도 더 나은 삶을 사는 한 방법일 수 있답니다.

루어파휘이 *罗发辉*, Luo Fahui

1961년 쓰촨성 충칭에서 태어나 시추안-쓰촨 회화학과를 졸업했다. 루오는 베이징, 청두, 홍콩, 대만, 런던, 시애틀에서 단독 전시회를 열었다. 그룹 전시회로는 '국립석유화엑스포(1992년 베이징)'가 있다. 1996년 상하이 비엔날레, 1996년 청두 비엔날레, 1996년 베이징, '신세기 도래', '90개의 인기 이미지', 1999년 상하이, 2001년 런던, 2001년 '청두 비엔날레'에 초대되었으며, 상하이미술관, 대만산메이미술관 등에 개인 작품이 소장되어 있다.

긍정적 미래

제가 중국에 와서 베이징 다음으로 많이 다녀온 곳이 쓰촨성입니다. 대부분 지진 재난 트라우마를 연구하기 위해서였지요. 2008년 쓰촨성에서 리히터 7.9의 대지진이 일어났고, 기분이었는지 몰라도 지진 피해지역에 가까이 오면 비가 오거나 안개가 자욱하였고, 꼬불꼬불한 길에 인적이 전혀 없었습니다. 중국 택시 기사들마저 그 길에 들어서면 불안해하고 방향 감각을 잃어버리곤 하였습니다. 그 뒤 저우춘야 화가를 만나게 되었고 저우춘야가 이사장으로 있는 오채 재단을 통해 랴오야오야오를 알게 되었습니다.

중국 오채 재단에서 만난 랴오야오야오는 고등학생 때 지진을 겪게 되고 3일 만에 극적으로 구출되었습니다. 그런데, 건물 잔해에 깔린

랴오야오야오, 〈기인1 Extraordinary People1〉

라오야오야오, 〈기인 Extraordinary People〉

두 다리는 절단이 되었습니다. 두 다리에 의족을 한 채 오채 재단을 통해 열심히 그림을 그렸고 미술대학에 진학했습니다. 미술대학 졸업 후 지금은 쓰촨성 디자이너로 활동하고 있습니다. 뜻밖의 재난은 한 소녀의 인생을 바꾸어 놓았습니다. 그러나 그림을 통해 치유하고 자신의 인생의 아픔을 극복하는 가운데서 예술가라는 새로운 인생을 시작하게 되었습니다. 저는 랴오야오야오를 보면서 "하나님은 한쪽 문을 닫으시면 한쪽 문을 열어 놓으신다"는 문구가 생각났습니다. 야오야오는 미술을 통해 몸과 마음을 치유했던 것입니다.

2015년 그가 그렸던 그림의 심리를 분석해 보겠습니다. 두 장의 그림을 DAP인물화 검사, HTP집-나무-사람그림 검사 분석 기준에 의거하여 평가했습니다. 인물의 주제가 동물고양이, 코끼리로 표현되어 있어 현재 일상의 삶에서 적응적인 어려움이 있음을 추측할 수 있습니다. 지적욕구가 높지만 그 또한 내적 불안을 야기하고 있음이 보여집니다. 자세히 살펴보면 정서적으로는 수동적, 적대적, 경직된 심리상태를 갖고 우울감과 불안을 경험 하고 있을 가능성이 있는데 이는 팔이 몸에 밀착하여 꽉 붙어 있는 고양이, 자세의 움직임이 거의 없는 코끼리가 시사하고 있습니다. 사회적으로는 환경과의 상호작용에서 어려움이 있음이 보여지는데 크기와 색이 다르게 강조되어 있는 고양이의 두 눈, 코끼리의 뒤로 감추어진 팔과 손으로 외부환경에 대한 회피와 자기통제가 보여 집니다. 주조색으로 사용된 회색 또한 우울감과 관련이 있습니다.

중국에서 코끼리는 복과 건강을 상징하고, 고양이는 생명과 신을 연결시켜주는 존재이자 마력을 가진 상서로운 동물이라고 여겨지는데 이 동물로서의 표현은 현재 삶에서의 어려움에서 긍정적인 미래로 나아가고자 하는 랴오야오야오의 에너지를 살펴볼 수 있습니다. 누구에게나 닥칠 수 있는 불안, 우울, 공황, 사고를 겪으며 그는 긍정 에너지와 미술로 몸과 마음을 치유할 수 있음을 증명한 것이죠.

랴오야오야오 廖瑶瑶, Liao Yaoyao

쓰촨성 지진으로 3일 만에 구조되었지만 두 다리를 잃고 의족으로 생활하게 되었다. 이후 미술대학을 진학해 지금은 청년작가이자 디자이너로 일하고 있다. 미술로 마음을 치유하고 미술이 신체적 재활치료로도 활용된 좋은 사례의 작품을 보여주고 있다.

색의 파노라마

우리는 온갖 색들의 파노라마에 묻혀 살고 있습니다. 러시아의 과학자 크라코프는 붉은색은 교감 신경계를 자극하고, 흰색과 푸른색은 부교감 신경계를 자극한다는 사실을 밝혀냈습니다. 또 어떤 색깔은 호르몬 분비를 촉진하고, 어떤 색깔은 억제한다는 실험 결과도 발표했지요. 미국의 피쉬 박사도 색깔 있는 광선을 이용해 여러 신체의 질병을 치료할 수 있다고 했는데요.

가끔 우리는 변화를 강렬하게 원할 때가 있습니다. 그런 순간들은 대부분 힘겨운 일을 경험할 때나 오랜 시간 변화 없이 우울하고 힘든 시간을 통해 용기를 갖기 시작하는 시기입니다. 이때는 일부러라도 몸을 활발하게 움직여야 합니다. 운동을 하든지 사람들을 만나든지 미지의 세계로 여행을 가보던지 하는 것입니다. 이런 환상들은 상상만 해도 기분이 좋아지고 에너지가 넘칩니다.

저는 위룬더 교수님을 칭화대에서 만났습니다. 그의 작품은 항상 에너지가 넘치고 화려해 보이지만 한편으로는 무채색을 통해 과감하게 내면을 표현하기도 합니다. 자신의 감정을 다양한 색으로 표현하면서 발산하는 것일 수 있습니다. '컬러테라피를 실천하고 계시는구나'라고 생각했습니다. 저는 병원에 오는 우울증 환자들에게 밝은 색을 사용하라고 일부러 권하기도 합니다. 처음에는 자꾸 어두운 색으로 눈과 손이 가지만 나중에는 붉은 색 등 밝은 색을 쓰면서 너무나 밝아집니다. 기분도 좋아지는 걸 볼 수 있습니다.

그런데 중국에서도 붉은색은 가장 에너지 넘치고 좋은 기분을 나타냅니다. 특별한 형태가 없어도 붓으로 내 마음 가는 대로 표현하라고 합니다. 그러면 이런 말을 합니다. "기분이 좋아지고 속이 시원해지네요.", "내가 장밋빛 꿈을 꾸는 것만 같아요. 구체적인 형태는 없지만 꿈에 희망적인 색깔이 나타나요."

정신의학자 융 역시 만다라의 형태도 중요하지만 색깔이 얼마나 중요한지를 분석하기도 했습니다. 우리나라에서는 아이들이 붉은색을 많이 쓰면 정서적으로 불안정해 보인다고 합니다. 그러나 중국 사람들은 붉은색은 가장 안정적이고 따뜻한 색이라고 말합니다. 색깔은 그 나라 문화와도 연결되어 있습니다. 저도 중국에 있다 보니 자연스럽게 붉은색 옷을 많이 입게 됩니다. 한국에서 제 SNS를 보고 중국에 가면 붉은색을 많이 입는 것 같다고 하시는데, 그건 행사 때 예의를 갖추기 위한 것이기도 합니다.

위룬더, <매직컬러 2 幻·色之二>

그런데 중국에서 뭘 입을까 고민할 때는 이 그림처럼 형태보다도 색깔에 초점을 맞춰 같은 붉은색 옷이라도 다른 느낌으로 바꿔 입는 센스가 생겼습니다. 상황에 맞춰 조금씩 색다른 분위기를 연출해보면 비슷비슷해 보이는 여러 가지 붉은색 중에서도 내게 어울리는 나만의 컬러를 찾을 수 있습니다. 우리가 사는 세상에 수많은 변화와 굴곡이 펼쳐지듯이, 우리 마음 안에 담기는 다양한 감정을 컬러를 통해 표현하는 것은 나와 다른 타인을 이해하는 좋은 방법입니다.

위룬더 余润德, Runde Yu

중국의 유명한 예술가와 미술교육 전문가. 중국 칭화대학교 미술대학 교수를 역임하고 현재 인민대학교 교수로 재직 중이다. 그의 독특한 개인 스타일과 풍부한 예술적 언어는 사람들로 하여금 강한 감정과 이념적 공명을 갖게 한다. 그의 작품들은 중요한 국제 전시회에 전시되었으며, 그의 삶의 풍요로움과 끈질긴 이성적 사고는 물론, 그의 작품 속 정신적 핵심과 표현도 오늘날의 사회에 대한 깊은 반성과 더불어 삶의 철학도 함께 반영하고 있다.

에필로그 나는 보기 위해 두 눈을 감는다

자, 어떠신가요? 오늘날 중국 미술을 이끌어가고 있는 대표적 예술가들의 작품을 한자리에서 두루 감상해 보신 소감이 말이에요. 이미 어느 정도 알고 있던 분들은 생각을 정리하며 차분한 마음으로 감상하셨을 수도 있고, 중국 현대 미술을 처음 접해 본 분들은 의외의 작품들을 보며 깜짝 놀라셨을 수도 있을 겁니다. 서양 미술보다는 우리와 정서적으로 더 가깝기에 이해와 공감의 폭이 더 넓었을 수도 있고요. 저는 여러 차례 중국을 오가며 개인적으로 친분을 나눈 작가들이라 오랜 친구를 다시 만나 담소를 주고받는 기분이었습니다.

부석침목浮石枕木이라는 말을 아시나요? 돌은 무거워서 물에 가라앉고, 나무는 가벼워서 물에 뜨는 게 자연의 이치입니다. 그런데 돌이 물 위를 떠다니고, 나무가 물속으로 가라앉는 일이 벌어진 거죠. 도저히 있을 수 없는 일이 일어난 상황을 가리키는 말입니다. 문학이나 예술 세계에서는 이런 현상이 자주 일어납니다. 가벼운 것으로 취급되던 것이 시간이 흐르면서 무시할 수 없는 무게를 얻고, 묵직하다 여겨졌던 것이 어느새 가볍기 그지없는 형해만 남게 되는 겁니다.

창조의 세계에 당연한 건 없습니다. 무엇이 무겁고 가벼운지, 어떤 것이 중요하고 사소한지는 수시로 바뀝니다. 얼마든지 역전이 일어날 수 있습니다.

중국 미술이 그렇습니다. 문화혁명 때까지만 하더라도 세계 미술계는 중국에 주목하지 않았습니다. 유심히 들여다볼 가치가 없다고 여겼을지 모릅니다. 그도 그럴 것이 중국 미술은 예로부터 시詩와 서書에 딸린 말단의 예술로 치부된 데다 지배계층과 지식인의 교양을 벗어난 전문 영역으로서의 화畵는 천시의 대상이었기 때문입니다. 표현형식 역시 일상적이고 도덕적인 구상具象 수준을 벗어나지 않았고, 결코 추상抽象이나 파격 또는 인생의 비애와 격정 등으로 나아가지 않았습니다. 게다가 공산화 이후에는 예술 장르 전체가 체제 선전을 위한 도구로 전락해 있었습니다. 그러니 중국 미술을 논할 필요가 없었던 겁니다.

하지만 톈안먼 사태 이후 중국 미술은 달라졌습니다. 과감하게 체제를 비판하고, 현실을 풍자하며, 인간 실존과 비극을 담아내기 시작한 겁니다. 중국 미술의 전통에 뿌리를 내린 채 서양 미술의 다양한 양식을 흡수한 젊은 예술가들은 자신들의 독창적 시각으로 중국과 중국인들의 실상을 포착했습니다. 구상과 추상을 자유자재로 넘나드는 이들의 파격은 세계 미술계에 잔잔한 충격을 주기에 충분했습니다. 파리와 뉴욕만 주시하던 세계 미술계의 큰 손들이 베이징으로 몰려든 건 이때부터입니다. 자본주의의 만개 속에 더 이상 신선함을 찾아볼 수 없던 미술 선진국들 입장에서 보자면 중국은 근대와 현대, 농촌과 도시, 사회주의와 자본주의가 첨예하게 공존하며 부글부글 끓고 있는 용광로처럼 보였을 수도 있습니다.

중국의 20세기는 파란만장했지만 우리나라 또한 그에 뒤지지 않습니다. 참혹했던 일제강점기와 해방, 6·25전쟁과 지독한 가난을 겪으며 지금의 번영을 이룩한 대한민국 역시 짧은 시간 안에 서구 사회가 수백 년 동안 경험했던 일들을 압축적으로 체험해야 했습니다. 그래선지 중국 예술가들의 작품을 보면 우리의 지나온 역사와 세월, 아픔과 슬픔들이 고스란히 느껴집니다. 그래서 저는 이들의 작품을 보며 눈물도 흘리고 위로도 받습니다.

저는 곤란을 당한 중국인들을 미술치료를 통해 치유와 회복으로 이끌고자 중국을 드나들었지만 이 일을 하면서 오히려 제 자신이 많이 성숙해진 걸 느낄 수 있었습니다. 이해와 공감은 하면 할수록 자기 자신에게 더 큰 위안과 행복을 가져다주는 것 같습니다. 그런 의미에서 저는 독자 여러분들이 이 책을 통해 깊고 넓은 위안과 행복의 세계로 들어갈 수 있기를 희망합니다.

그림을 보고 이해하고 감상하는 일은 꼭 배경지식이 있어야 하는 것이 아닙니다. 특히나 중국 그림처럼 쉽게 접하기 어려운 작품일수록 어떻게 봐야할지 막연하게 생각할 수 있을 거예요. 이 책을 통해 그동안 우리가 보던 편견을 내려놓고, 중국과 중국인, 그리고 중국과 우리의 마음을 느끼고 이해하는 계기가 되었으면 좋겠습니다. 때로는 눈에 보이는 것만이 전부가 아닐 수 있습니다. 보이지 않아도 나와 너, 우리의 마음 그 이면에 담긴 풍경들을 차분히 그려볼 수 있는 시간이 되었길 바랍니다.

일러두기

이 책은 지금까지 국내에 소개되지 않은 중국 현대미술 작가와 작품을 소개해 동시대를 살아가는 아시아 국가를 이해하는 데 도움이 되는 위안과 감동을 전달하고자 했습니다. 30여 명의 작가에게 일일이 이메일을 보내 문의하고, 일부는 작가 에이전트를 통했으며, 몇몇 작가는 (사)아시아예술경영협회 박철희 대표를 통해 소개받았습니다. 저자는 수십 번 넘게 중국을 오가며 작가들을 만나 인터뷰하고, 책의 취지를 설명한 뒤 도판 이미지 파일을 받았습니다. 이런 과정을 거쳐 책에 실린 대부분의 작품은 저작권자의 동의를 얻어 사용하였으나, 일부 이미지는 저작권자 확인 불가로 부득이 허가를 받지 못하고 사용할 수밖에 없었습니다. 추후라도 저작권이 확인되는 대로 적법한 절차를 따르겠습니다.

초판 1쇄 인쇄 2019년 10월 10일
초판 1쇄 발행 2019년 10월 20일

지은이 김선현
펴낸이 김지은

기획구성·디자인 북베어 **편집** 유승준 **경영관리** 한정희 **마케팅** 김도현
펴낸곳 도서출판 자유의 길 **출판등록** 제2017-000167호
전화 031-816-7431 **팩스** 031-816-7430 **이메일** bookbear1@naver.com
홈페이지 https://www.bookbear.co.kr

ISBN 979-11-965625-2-6 (03440)

·이 도서의 국립중앙도서관 출판예정도서목록(CIP)은 서지정보유통지원시스템(http://seoji.go.kr)과 국가자료종합목록시스템 (http://www.nl.go.kr/kolisnet)에서 이용하실 수 있습니다(CIP제어번호2019018400).

·잘못 만들어진 책은 바꿔드립니다. 책값은 뒤표지에 있습니다.

·이 도서는 한국출판문화산업진흥원의 '2019년 출판콘텐츠 창작 지원 사업'의 일환으로 국민체육진흥기금을 지원받아 제작되었습니다.